道路管理者のための
実践的橋梁維持管理講座

[監修] **嘉門雅史**
（香川高等専門学校校長）

[編著] **太田貞次**
（香川高等専門学校）

鈴木智郎
（復建調査設計株式会社）

三浦正純
（株式会社四電技術コンサルタント）

大成出版社

序　文

　わが国の社会基盤は今や崩壊の危機に直面している。日本国の財政事情が世界でも突出して逼迫していることが主たる理由であるが、建設業界における体質改善の遅れが、公共事業そのものへの社会批判に短絡してしまい、1980年代における「荒廃するアメリカ」と類似した状況に陥っている。ここ数年の公共事業に係わる予算の動向はピーク時の15兆円から5兆円へと1/3に落ち込んでいる。このような予算規模の縮小により新規工事への着手は極めて難しくなり、定常的な維持管理費用の割合が相対的に増大することになる。国土交通省の試算によれば、公共投資総額に占める維持管理・更新費の割合が2010年度には約50％に達したとされている。

　特に橋梁については、長さ15m以上の橋梁が全国で約14万橋に及ぶとされているが、昭和30年代後半からの高度経済成長期にかけて建設された橋梁が、建設後50年を経過して急激な老朽化をきたしている。このような状況に鑑み、国土交通省ではいち早く橋梁の維持管理マニュアルの作成を行い、主要橋梁についてはそれなりの取組みがされている。しかしながら、全国の橋梁の過半数を超える市町村管理の橋梁については、各自治体の橋梁管理技術者が不在であることと関連予算の確保が極めて難しいこと等から、ほとんど手つかずの状態に放置され、このままでは崩壊の危機を免れない状況に立ち至っている。

　独立行政法人国立高等専門学校機構の香川高等専門学校では、平成20年8月から独自に香川県の全市町の技術者を対象に、老朽橋梁の維持管理講座（代表：太田貞次教授）を開設して社会貢献に努めてきた。このほど国土交通省の支援も得て、平成22年8月2日に老朽橋梁維持管理研究会を立ち上げて、全国の高等専門学校の土木系教員に呼び掛けて参画してもらい、平成25年度末までに市町村の自治体に義務付けられている橋梁維持管理マニュアル作りの支援を行うことにしている。

　本書は平成20年8月から平成22年3月までほぼ毎月1回の割合で実施された、香川高等専門学校の老朽橋梁維持管理講座の内容を取りまとめたものである。具体的な橋梁の問題点を取り上げて、診断するとともに評価を行って、最低限取り上げるべき対策を示している。現地での実際の状況を示す写真とともに、説明図を多くしてわかりやすさに工夫を凝らしている。香川県における橋梁の実態であるので、必ずしも全国の老朽橋梁の状況を網羅できているわけではないが、老朽橋梁のパターンについてはほぼカバーしているものと自負している。今後日本の各地において、老朽橋梁の実態を具体的に診断評価する際の技術者の手引書として、また橋梁工学を学ぶ大学生や高専生等のサブテキストとして活用していただけるのではないかと期待している。

　出来るだけ多くの方に手にとって見ていただき、忌憚のないご意見を頂戴できれば幸いである。

平成22年10月

香川高等専門学校　校長
嘉門　雅史

CONTENTS

第1編　概要編 ……… 7

第1章　わが国橋梁の現状と課題 ……… 8

第2章　実践的橋梁維持管理講座 ……… 12

2.1　講座の目的 ……… 12
2.2　事前準備 ……… 13
2.3　講座活動 ……… 14
　2.3.1　現地研修 ……… 14
　2.3.2　座学 ……… 16
2.4　土木研究所との協定調印 ……… 16
2.5　講座後の支援活動 ……… 16
2.6　橋の老朽化対策研究会 ……… 17

第2編　実践編 ……… 19

第3章　橋の維持管理に関する基礎知識 ……… 20

3.1　橋の損傷 ……… 20
　3.1.1　損傷の種類 ……… 20

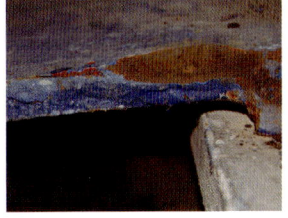

　　　3.1.2　部材毎の劣化要因 ……………………………………………… 27
　　　3.1.3　香川県下での損傷の特徴 …………………………………… 32
　3.2　橋の点検 ……………………………………………………………………… 35
　　　3.2.1　点検の種類と頻度 ……………………………………………… 35
　　　3.2.2　定期点検の概要 ………………………………………………… 36
　　　3.2.3　点検結果の記録 ………………………………………………… 39
　3.3　損傷の評価と判定 ………………………………………………………… 42
　　　3.3.1　損傷の評価区分 ………………………………………………… 42
　　　3.3.2　損傷の判定区分 ………………………………………………… 42
　3.4　詳細調査 ……………………………………………………………………… 45
　　　3.4.1　調査目的と手順 ………………………………………………… 45
　　　3.4.2　コンクリート橋の調査項目 ………………………………… 45
　　　3.4.3　鋼橋の調査項目 ………………………………………………… 48
　3.5　補修・補強対策 ……………………………………………………………… 48
　　　3.5.1　補修・補強の考え方 …………………………………………… 48
　　　3.5.2　コンクリート橋の補修 ……………………………………… 48
　　　3.5.3　鋼橋の補修 ……………………………………………………… 49

第4章　損傷事例報告 ……………………………………………… 53

　4.1　損傷事例のとりまとめ内容 …………………………………………… 53
　　　4.1.1　研修対象橋梁の決定 ………………………………………… 53
　　　4.1.2　損傷事例のとりまとめ方法 ………………………………… 54
　　　4.1.3　対策レベルの提案 …………………………………………… 54
　4.2　損傷事例 ……………………………………………………………………… 55
　4.3　損傷の経年変化事例 …………………………………………………… 116

第5章　橋の長寿命化修繕計画 ………………………………… 126

　5.1　橋の長寿命化対策 ………………………………………………………… 126

　　5.1.1　市町村管理橋梁の特徴 ……………………………126
　　5.1.2　市町村での維持管理上の課題 ………………………127
　　5.1.3　市町村の課題に立った要望 …………………………128
　　5.1.4　橋の架替え理由 ………………………………………128
　　5.1.5　点検結果を受けて、
　　　　　すぐ手を打たなければならない橋とは ……………132
　　5.1.6　重大損傷に接しての判断 ……………………………134
　　5.1.7　判断の難しい重大損傷 ………………………………136
　　5.1.8　維持管理を計画する際に
　　　　　知っておいた方がよい劣化のシグナル ……………139
　　5.1.9　維持修繕計画での要注意橋梁 ………………………141
　　5.1.10　詳細調査はどのような場合に行うか ……………145
　　5.1.11　費用負担を抑えた長寿命化対策 …………………146
　5.2　長寿命化修繕計画作成に向けて …………………………………153
　　5.2.1　長寿命化修繕計画立案の前にしておきたいこと：
　　　　　橋梁維持管理方針の設定 ……………………………153
　　5.2.2　長寿命化計画の事例比較 ……………………………157
　　5.2.3　橋梁重要度と管理水準 ………………………………159
　　5.2.4　事後評価と計画見直しの必要性 ……………………159
　5.3　市町村における橋梁長寿命化修繕計画 …………………………162
　　5.3.1　長寿命化修繕計画の目的 ……………………………162
　　5.3.2　計画の対象橋梁 ………………………………………163
　　5.3.3　健全度の把握及び日常的な維持管理に関する
　　　　　基本的な方針 …………………………………………164
　　5.3.4　長寿命化及び修繕・架替えに係る費用の
　　　　　縮減に関する基本的な方針 …………………………165
　　5.3.5　対象橋梁ごとの修繕計画 ……………………………166
　　5.3.6　長寿命化修繕計画策定による効果 …………………168

関連資料 …………………………………171
日本の歴史的橋梁（一部海外橋梁を含む） ……………………172

第1編 概要編

第1章
わが国橋梁の現状と課題

　わが国では東京オリンピック（昭和39年）を契機として急激に道路や鉄道の整備が進められてきた。東京オリンピックを前後する昭和30年代から昭和48年は高度経済成長期と呼ばれ、この時期に大量の橋が建設されている。国土交通省四国地方整備局が管理する橋の建設数の推移を［図1-1］に示す。この傾向は全国どこでも同様であり、この時期に非常に多くの橋が建設されたことがわかる。

　これら多くの橋が供用開始後40年を経過し、各地で橋の損傷事故が報告されている。平成19年6月に木曽川に架かる国道トラス橋の斜材が破断する事故が発生し、同様なトラス橋斜材の破断が秋田県本荘大橋でも発見された。

　また、アメリカでは平成19（2007）年8月にミシシッピ川に架かる橋長581mのトラス橋（昭和42（1967）年建設）が落橋して死者13名、負傷者133名という大惨事を引き起こした。

　香川県では、平成19年11月に東かがわ市でケーブルテレビの工事車両が橋を渡り終えた直後にトラス橋が落橋している。この橋は地方自

● 第1章 ● わが国橋梁の現状と課題

治体の管理ではなく、地元の住民が入会地に入るために建設されたもので、上路式単純トラス橋が2橋連続して設置されていた。[写真1-1] は強制的に撤去される直前のトラス橋で、トラス弦材の破断や床版下面の状況から、建設後メンテナンスを全くしてこなかった印象を受ける。

橋の撤去作業は容易で、地覆に打撃を与えるだけで簡単に落橋した。

全国的な橋の損傷事故を受けて、橋の老朽化に対する取り組みが開始されている。香川県内おける橋の老朽化対策を見ると、国土交通省四国地方整備局では平成15年度から全管理橋梁の点検調査を進めている。この調査は平成20年度で一巡し、21年度から二巡目の定期点検に入るとともに点検作業に平行して緊急性が高い橋梁から順次補修補強対策を実施している。また香川県では平成20年6月に点検要領、点検マニュアルを作成し一斉点検作業に入り、平成23年度末までの4年間で管理する全橋梁の

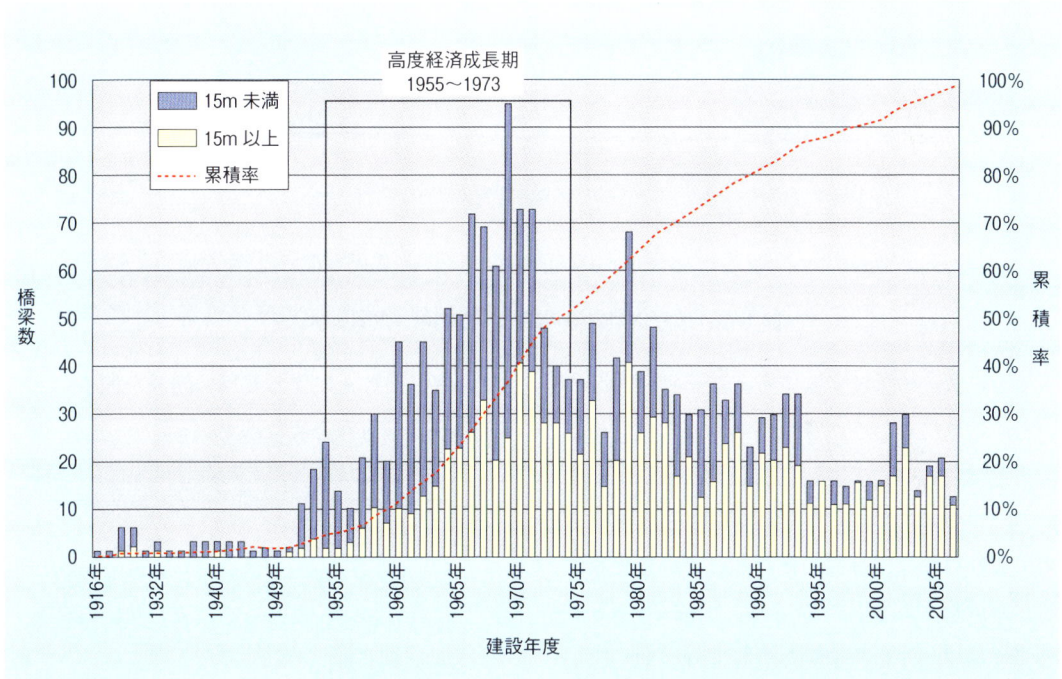

図1-1 橋の建設数の推移（国土交通省四国地方整備局管理橋梁）

写真1-1 撤去直前のトラス橋（香川県東かがわ市）

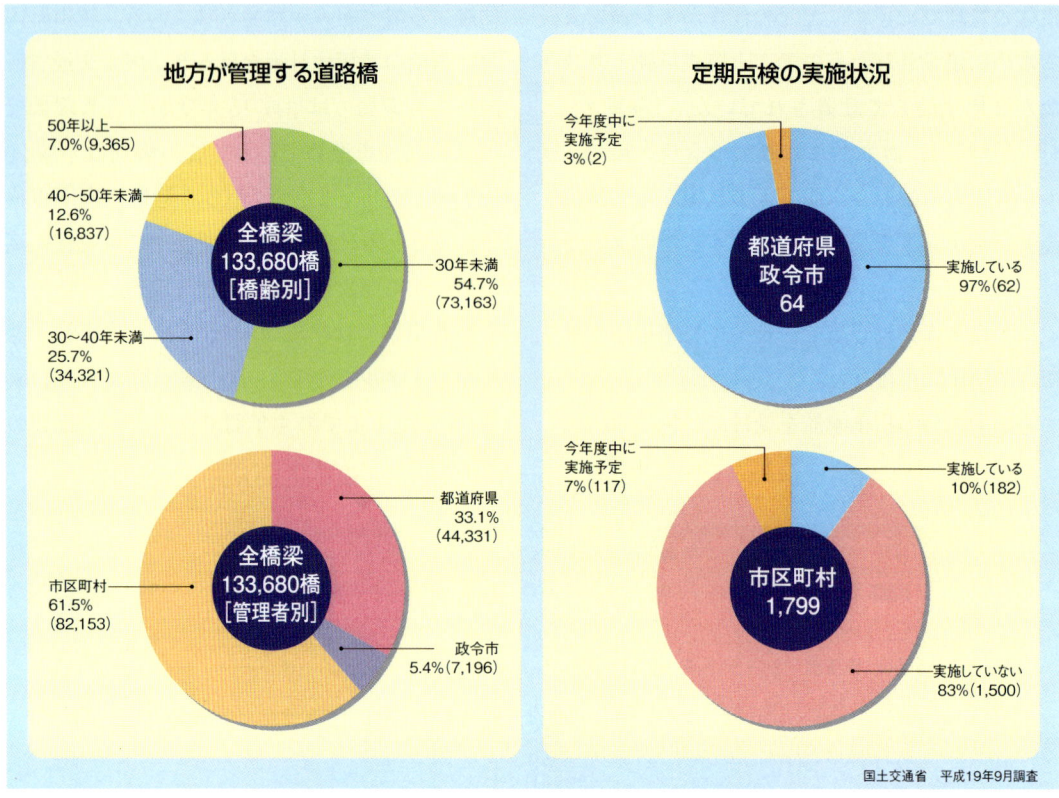

図1-2　地方公共団体が管理する道路橋（定期点検状況）

点検を県職員の手で実施する方針を打ち出している。これに対して、香川県内の支間長2m以上の全橋梁数の約77％、支間長15m以上で約59％を占める市町（香川県内には村がないため、これ以降は市町村の代わりに市町を使用する）が管理する橋については、平成20年8月時点ではほとんど点検が行われていなかった。この傾向は全国の市町村が管理する橋梁についても同様であり［図1-2］、市町村が管理する橋への対策と対応が喫緊の課題となっている。

国土交通省では、平成21年1月に地方公共団体が管理する橋の老朽化対策として「長寿命化修繕計画策定事業費補助制度」を施行した。この制度の骨子は、橋の老朽化対策が急務となる中、従来の対症療法的な修繕及び架替えから、予防保全的な修繕及び長期修繕計画に基づく架替えへと、地方公共団体における円滑な政策転換を促し、もって橋梁の長寿命化及び橋梁の修繕・架替えに係る費用の縮減を図ることにある。その内容を次に示す。

「長寿命化修繕計画策定事業費補助制度」の概要

(1) 補助対象
・長寿命化修繕計画の策定に関する費用
・長寿命化修繕計画策定のための橋梁点検に要する費用

(2) 補助率
　国　1/2

(3) 支援期間
　平成23年度まで。ただし、市町村道については平成25年度まで

(4) その他
　平成24年度以降（市町村道については平成26年度以降）の橋梁の修繕・架替えへの補助については、長寿命化修繕計画に基づくものに限る

地方公共団体が橋梁長寿命化修繕計画を策定して予防的な修繕及び計画的な架替えを行う場合、計画策定と策定に係る点検に要する費用の1/2を補助するとともに、対象橋梁の維持管理に要する費用の1/2を補助するというものである。計画策定の期限は、都道府県と政令指定都市では平成23年度まで、その他の市町村では平成25年度までとなっている。この制度を受けて、全国の地方自治体では「橋梁長寿命化修繕計画の策定」に着手している。しかし、都道府県や政令指定都市では平成21年度中には計画策定を概ね終了しているが、平成22年4月の段階で計画策定に着手している市町村は少ない。香川県内の現状を見ると、香川県が平成21年12月に「橋梁長寿命化修繕計画」を作成して県のホームページ上に公開している。しかし、多くの市町では点検調査を先行実施しているものの、計画策定に着手している市町は高松市、丸亀市、琴平町と、全17市町の中の3市町に留まっている。

　国土交通省では、これと平行して地方公共団体の道路管理者の「技術的不足」への対応として、市町村の定期点検の手引きとなる「点検・診断の手引き」を発刊するとともに、地方自治体の職員向けに各地方整備局が橋梁保全の技術研修会を実施している。

　しかし、このような施策だけでは市町村が管理する橋を維持管理するには不十分である。市町村が管理する橋を合理的かつ的確に維持管理するためには、市町村の道路管理者が現状に対する問題意識を持つとともに、現地の状況を判断できる実践的な維持管理技術力を身に付けることが必要となる。本書は、市町村の道路管理者が実践的な技術力を身に付けるためのテキストとして、損傷原因の推定に必要な基礎知識に加えて、橋梁現地における損傷評価と対策検討に重きを置いた構成としている。

　本書では、まず第2章において平成20年8月から平成22年3月まで独立行政法人国立高等専門学校機構香川高等専門学校において実施された「市町村の道路管理者を対象とする実践的橋梁維持管理講座」の活動内容を紹介する。第3章では道路管理者あるいは実務者に必要とされる損傷原因に関する基礎知識を学ぶ。第4章では、講座活動と、それに関連した損傷調査を通じて得られた損傷事例を示し、損傷原因の推定や対策についてもコメントする。第5章では、市町村が管理する橋の特徴を踏まえて、長寿命化修繕計画を策定する際ポイントとなる点を説明するとともに、市町村における橋梁長寿命化修繕計画の一例を示す。

第2章
実践的橋梁維持管理講座

2.1 講座の目的

　橋の老朽化問題における喫緊の課題の1つに、市町村が管理する橋の安全性の確保が挙げられる[1]。国や都道府県、政令指定都市と比較して少ない道路予算と技術者数という悪条件の中で、市町村が管理する橋の多くが点検されることもなく使用されてきた。市町村の橋梁管理の現状の一例として、香川県内における管理者別の橋梁管理データを［表2-1］に示す。香川県内の市町の半数で道路関連予算が3,000万円以下となっている。そのため、橋に重大損傷が発見されても補修・補強のための予算を確保することは困難である。次に橋梁を担当する技術者数を見ると、他の仕事を兼務している人数を含めて1～2人の市町がほとんどである。このようにわずかな人数で橋梁を含めた道路全般の維持管理を担当している現実を見ると、橋の下面の調査にはとても手が回らないと考えざるを得ない。実際に、平成20年8月の講座開講の段階では、ほとんどすべての市町で橋の点検を実施していなかった。香川県東かがわ市の

表2-1 香川県内橋梁管理データ（平成21年5月現在）

団体名		道路橋数（橋）		道路延長（km）	道路予算（千円）		橋梁担当技術者数（人）	長寿命化修繕計画
		全体	15m以上		全体	道路管理関連		
国土交通省（県内）		262	133	171	10,000,000	1,000,000	9	作成中
香川県		1,446	374	1,776	15,900,000	3,200,000	91	作成中
市町	高松市	1,500	141	2,405	2,000,000	1,400,000	3	今後予定
	丸亀市	508	49	760	1,210,000	602,000	5	今後予定
	坂出市	304	37	382	200,000	58,000	2	今後予定
	善通寺市	306	11	342	150,000	15,000	特に無し	未定
	観音寺市	361	44	585	360,000	30,000	2	今後予定
	さぬき市	517	100	689	378,000	104,000	3	今後予定
	東かがわ市	285	71	317	277,000	81,500	2	今後予定
	三豊市	663	102	1,156	900,000	30,000	0	今後予定
	土庄町	194	18	234	18,800	3,700	1	今後予定
	小豆島町	132	24	480	70,000	30,000	3	今後予定
	三木町	170	37	216	57,400	36,000	2	今後予定
	宇多津町	32	10	93	172,000	77,000	1	今後予定
	綾川町	182	24	328	557,000	29,000	2	今後予定
	琴平町	72	15	62.7	19,000	19,000	1	今後予定
	多度津町	112	8	146	86,000	26,000	2	今後予定
	まんのう町	263	33	—	202,000	80,000	2	今後予定
	直島町	20	0	36.7	25,500	1,920	1	予定なし
市町合計		5,621	724	8,232	6,682,700	2,623,120	33	
香川県内合計		7,329	1,231	10,179	32,582,700	6,823,120	133	
市町の割合		76.7%	58.8%					

トラス橋の落橋事故は起こるべくして発生したと言える。橋の損傷事故が発生したときに直接対応することになる市町の道路管理者は、このように劣悪な状況下で仕事を進めている。この状況を改善する近道は、市町村の道路管理者が橋に関心を持ち、維持管理技術を身に付けることである。

2.2 事前準備

本講座は、維持管理を行う上で必要となる基礎知識を学ぶことよりも、現地研修に重きを置いた実践的な橋梁維持管理技術を身に付けることを目的としている。そのためには香川高専の教員だけでは不十分であり、外部から実務に精通した技術者を客員教授として招聘した。この2人の客員教授は、現地研修では調査や維持管理上のノウハウを教えるとともに、座学では現地研修で対象とした橋の損傷判定、損傷原因の推定、補修・補強対策の講義を担当した。

本講座では、高専の教員以外に国土交通省四国地方整備局と香川県から行政サイドの道路管理者が参加するとともに、高い維持管理技術を保有する西日本高速道路株式会社（NEXCO西日本）と本州四国連絡高速道路株式会社（本四高速）からも技術者が参加している。これらの技術者は交代して講義を担当し、市町の道路管理者に幅広い情報を提供した。

市町村の道路管理者は、日常の業務に追われる中で長期の講習会に参加することが困難である。そのため、単発的な講習会への参加は期待できても、本講座のように長期に及ぶ研修には躊躇してしまう傾向が見受けられた。また、管理する損傷橋梁を研修対象として提供することに対する道路管理者の抵抗感も、講座開講に向けた懸念材料であった。

平成20年7月に開催された香川県道路協会総会で、参加した首長と道路管理者に対して「香川県内橋梁の現況報告と道路管理者への提言」と題して筆者が講演した際、市町村の道路管理者を対象とした実践的橋梁維持管理講座を高松高専（当時、現香川高専）で開講する旨を

表2-2 講座参加団体一覧

市　町	香川県内全17市町（村はない）
	高松市、丸亀市、坂出市、善通寺市、観音寺市、さぬき市、東かがわ市、三豊市、土庄町、小豆島町、三木町、宇多津町、綾川町、琴平町、多度津町、まんのう町、直島町
支援団体	国土交通省四国地方整備局、香川河川国道事務所、香川県、西日本高速道路㈱、本州四国連絡高速道路㈱
担　当	香川高等専門学校

写真2-1　事前説明状況（観音寺市）

アナウンスした。引き続き香川県内の市町の道路管理者宛に講座開講案内を同封した手紙を送付し、電話による参加要請を行った結果、最終的に県内全17市町から道路管理者の参加を得て平成20年8月27日に第1回実践的橋梁維持管理講座を開講した。講座参加団体の一覧を［表2-2］に示す。

写真2-2　現地研修状況（丸亀市）

2.3　講座活動

香川県内市町の道路管理者の橋への関心を高め、維持管理技術力を身に付けるという目的を達成するために、現地研修を中心として講座活動を進めた[2)3)]。更に、市町が担当する現地研修とそれに続く座学を関連付けて実施することにより、現場の状況に適応できる実践的な橋梁維持管理技術を身に付けることを目指した。講座は毎月1回実施し、現地研修と座学の2回を1セットとして繰り返した。全19回の活動内容を現地研修と座学に分けてそれぞれ説明する。

2.3.1　現地研修

現地研修では、担当する市町が毎回3橋の橋を研修対象として提供する。この3橋には、必ずしも損傷原因や損傷度だけを尺度とせず、見て面白い橋も対象に加えた。現地研修を担当する市町とは、研修に先立って高専の教員が一緒

写真2-3　現地研修状況（観音寺市）

に現地を見る機会を設けた。事前に準備された5～10橋を市町の道路管理者と一緒に見て歩き、現地研修で見学する橋を決定するとともに、市町の道路管理者には点検のポイントや損傷状況などを説明し、研修の場として活用した。

現地研修当日は担当する市町が準備した会場に集合し、担当市町による主催者挨拶、対象橋梁の概要説明に続いて、本校教員が調査におけ

●第2章● 実践的橋梁維持管理講座

表2-3 実践的橋梁維持管理講座（現地研修）

	開講日	開催場所	担当	内容
第2回	平成20年10月2日	橋梁現地	丸亀市	・丸亀市が管理する橋梁（2橋）に対する現地調査
第4回	11月21日	橋梁現地	三豊市	・三豊市が管理する橋梁（3橋）に対する現地調査
第6回	平成21年2月6日	橋梁現地	綾川町	・綾川町が管理する橋梁（3橋）に対する現地調査
第8回	4月24日	橋梁現地	高松市	・高松市が管理する橋梁（3橋）に対する現地調査
第10回	6月26日	橋梁現地	観音寺市	・観音寺市が管理する橋梁（3橋）に対する現地調査
第12回	8月21日	橋梁現地	東かがわ市	・東かがわ市が管理する橋梁（3橋）に対する現地調査
第14回	10月30日	橋梁現地	坂出市	・坂出市が管理する橋梁（3橋）に対する現地調査
第16回	12月18日	橋梁現地	香川県	・香川県が管理する橋梁（3橋）に対する現地調査
第18回	平成22年2月26日	橋梁現地	さぬき市	・さぬき市が管理する橋梁（3橋）に対する現地調査

表2-4 実践的橋梁維持管理講座（座学）

	開講日	開催場所	担当	内容
第1回	平成20年8月27日	高松高専	高松高専	・橋梁点検方法の説明（高松高専） ・GISを活用したデータベースの紹介（高松高専） ・講座の進め方に対する討議
第3回	10月24日	高松高専	高松高専	・赤外線による剥落対応調査、ツインパレスレーダー（NEXCO西日本） ・前回視察橋梁に対する損傷説明と補修・補強検討（高松高専） ・アルカリ骨材反応について（四電技術コンサルタント）
第5回	平成21年1月16日	高松高専	高松高専	・橋の長寿命化に向けて（香川県管理橋梁の状況）（香川県） ・前回視察橋梁に対する損傷説明と補修・補強検討（高松高専） ・道路橋床版について（松井繁之　大阪大学名誉教授）
第7回	3月5日	高松高専	高松高専	・道路橋床版補修判定法の提案と県内補修対象橋梁予測（高松高専） ・前回視察橋梁に対する損傷説明と補修・補強検討（高松高専） ・最近の鋼橋の動向（伊藤学　東京大学名誉教授）
第9回	5月29日	高松高専	高松高専	・道路橋に関する話題とCAESARの取り組み （吉岡淳（独）土木研究所構造物メンテナンス研究センター） ・前回視察橋梁に対する損傷説明と補修・補強検討（高松高専） ・瀬戸大橋の塗替え塗装について（本四高速）
第11回	7月24日	高松高専	高松高専	・道路橋の重大損傷（国土交通省四国地方整備局） ・前回視察橋梁に対する損傷説明と補修・補強検討（高松高専） ・コンクリートの塩害（高松高専）
第13回	9月25日	高松高専	高松高専	・香川県の橋梁長寿命化修繕計画について（香川県） ・前回視察橋梁に対する損傷説明と補修・補強検討（高松高専） ・塩害劣化に対しての補修工法の選択（高松高専） ・落橋に学ぶ橋梁の維持管理（依田照彦　早稲田大学教授）
第15回	11月20日	香川高専	香川高専	・コンクリートの劣化調査方法（香川高専） ・前回視察橋梁に対する損傷説明と補修・補強検討（香川高専） ・橋の経年損傷進行事例の報告（香川高専） ・鋼橋の疲労問題（川田工業）
第17回	平成22年1月22日	香川高専	香川高専	・香川県内橋梁の損傷状況のまとめ（香川高専） ・前回視察橋梁に対する損傷説明と補修・補強検討（香川高専） ・長寿命化活動における地元橋守と支援体制 （阿部允　NPO橋守支援センター理事長）
第19回	3月26日	香川高専	香川高専	・橋の長寿命化修繕計画の策定（香川高専） ・前回視察橋梁に対する損傷説明と補修・補強検討（香川高専） ・道路管理者への期待 （吉岡淳（独）土木研究所構造物メンテナンス研究センター） ・橋の事故と維持管理（長井正嗣　長岡技術科学大学教授）

るポイントを説明した。その後、マイクロバスを利用して現地に入り、本校教員3名が各々少人数に分かれた参加者を引率して実橋の損傷を見ながら研修を行った。このように事前説明を受けてから現地に入るため、参加者は問題点に対する認識を持って橋と向き合うことができ、橋の維持管理に関する実践的な技術力を身に付ける上で効果的となった。[写真2-1] ～ [写真2-3]

2.3.2 座学

座学では現地研修で対象とした橋の損傷判定、損傷原因の推定、及び補修・補強対策の提案を毎回テーマの1つとして取り上げた。この講義は、コンサルタント業務に詳しい客員教授2名が交代して担当し、市町の道路管理者の参考となるように具体的で実践的な内容を心掛けた。

それと同時に、道路管理者として身に付けて欲しい基礎知識を現地研修内容と関連付けながら説明した。この講義は、市町以外の講座参加者と香川高専建設環境工学科の教員が交代して担当した。担当者が多岐にわたるため、参加者は維持管理に関する基礎知識（コンクリートの塩害、アルカリ骨材反応、鋼材の疲労、防錆など）に加えて実務に適用できる具体的事例（全国の橋梁損傷状況、橋の長寿命化に対する国の施策、香川県の長寿命化修繕計画、NEXCO西日本と本四高速が保有する最新技術など）を講義を通じて知ることができ、幅広い知識を身に付けることが可能となった。

それに加えて最高の技術を習得してもらうために、わが国を代表する橋梁研究者、技術者をお招きして、最新の話題と研究成果を聞く機会を設けた。本講座で実施した外部講師による特別講演を次に示す。

- 松井繁之（大阪大学名誉教授）
  第5回講座「道路橋床版について」
- 伊藤　学（東京大学名誉教授）
  第7回講座「最近の鋼橋の動向」および「維持管理の2、3の話題」
- 吉岡　淳（（独）土木研究所構造物メンテナンス研究センター橋梁構造研究グループ長）
  第9回講座「道路橋に関する話題とCAESARの取り組み」
  第19回講座　「道路管理者への期待」
- 依田照彦（早稲田大学理工学術院　教授）
  第13回講座「落橋に学ぶ橋梁の維持管理」
- 阿部　允（NPO橋守支援センター理事長）
  第17回講座「長寿命化活動における地元橋守と支援体制」
- 長井正嗣（長岡技術科学大学　教授）
  第19回講座「橋の事故と維持管理」

2.4　土木研究所との協定調印

地域の暮らしを支える道路橋を安全かつ経済的に使い続けるためには、地域の道路管理者が橋梁の現状を適切に把握して維持管理を行うことが必要となる。そのためには、全国の橋梁数の約58％（橋長15m以上）を占める橋梁を管理している市町村の道路管理者の技術力向上を図ることが大切であるとの香川高専の活動が評価されて、地域の橋梁の調査・点検の強化と市町村技術者の実践的な技術力の向上を目指した「実践的橋梁維持管理講座」の活動に関して、平成21年5月29日に高松工業高等専門学校と独立行政法人土木研究所構造物メンテナンス研究センターとの間で協定書を取り交わした。

2.5　講座後の支援活動

本講座活動は、香川県内市町の道路管理者が橋梁現地で点検して診断できる技術力を身に付ける事を目的として開講され、所期の目的をほぼ達成して19回の講義・研修を終了した。今後は各自が橋梁点検により損傷状況を把握し、必要に応じて補修・補強対策を実施することとなる。その際、「橋梁長寿命化修繕計画」の策定が次の課題となる。全国の市町村では、平成25年度までに定期点検結果を踏まえた補修・補強計画の作成を国の施策として求められている。この計画に則って補修・補強を実施すれば

費用の1/2の補助を受けることが出来るが、そうでない場合には全額を市町村が負担することになる。

平成22年4月の段階で、香川県内では高松市、丸亀市と琴平町の3市町が計画の作成に取り掛かっている。他の市町では点検作業を先行し、点検結果を踏まえて「橋梁長寿命化修繕計画」の作成に着手する予定である。香川高専では、先行する3市町に対して、意見聴取者として計画作成に係わっている。しかし、今後多くの市町が一斉に計画作成への取り組みを開始すると、本校だけでは対応できなくなることが予想される。そのため、香川県と協力して計画の共通部分は全市町が共同して作成する方向で話を進めている。

2.6 橋の老朽化対策研究会

「橋梁長寿命化修繕計画」の作成は全国の市町村にとって早急に取り組まねばならない課題である。香川県では「実践的橋梁維持管理講座」を通じて、市町の道路管理者が橋の老朽化対策に取り組む基礎を身に付けるとともに、香川高専と参加市町の協力関係が培われたため、計画作成がスムーズに開始できた。しかし、このようなスキームが無い全国の市町村にとって、計画の作成には困難を伴うことが予想される。

市町村の道路管理者の技術力向上を目的としたこのような活動は研究テーマには不向きで、大学や多くの研究機関では取り上げにくい課題である。しかし、実践的な教育を本分とし、地域に多くの卒業生を輩出している高専にとって大切な問題であり、全国で建設系の学科を持つ11高専（福島高専、群馬高専、福井高専、舞鶴高専、和歌山高専、徳山高専、呉高専、香川高専、阿南高専、高知高専、熊本高専）の教員が平成22年8月2日に東京に集まり、「橋の老朽化対策研究会」を発足させた[4]。研究会では、香川高専が香川県内で取り組んでいる市町道路管理者への支援活動を各地に広める事を目的として活動を始めており、独立行政法人土木研究所や国土交通省の各地方整備局と協力して取り組んでいる。

参考文献
1）太田貞次：「市町村が管理する橋は大丈夫ですか」、土木学会誌　CEリポート、2010.04
2）太田貞次：「市町の道路管理者を対象とした実践的橋梁維持管理講座の紹介」、道路　Vol. 816、2009.03
3）太田貞次：「市町村の道路管理者を対象とした実践的橋梁維持管理講座」、第7回全国高専テクノフォーラム、全体パネル討論(2)、2009.03
4）太田貞次：「市町村の道路管理の向上にむけた実践的取組み」、土木技術資料第53巻、第2号、2011.02

第2編 — 実践編

第3章
橋の維持管理に関する基礎知識

3.1 橋の損傷

3.1.1 損傷の種類

橋梁に現れる損傷としては国土交通省の「橋梁定期点検要領（案）」において26種類が挙げられている。しかし、その中には必ずしも事例として多くないものや、橋梁に与えるダメージが軽微なものも含まれている。

ここでは、国土交通省の「道路橋に関する基礎データ収集要領（案）」[1]、および、香川県の「橋梁点検要領（案）」[2]において、橋梁点

表3-1 損傷の種類

材　料	損傷の種類
鋼	①腐食
	②亀裂
	③ボルトの脱落
	④破断
コンクリート	⑤ひび割れ・漏水・遊離石灰
	⑥鉄筋露出
	⑦抜落ち
	⑧床版ひび割れ
	⑨PC定着部の異常
その他	⑩路面の凹凸
	⑪支承の機能障害
	⑫下部工の変状

検の簡易化を目的として抽出されている12項目の主要な損傷について、その概要を述べる[表3-1]。

(1) 腐　食

塗装やメッキなどによる防食が施された鋼板において集中的に錆が発生している状態、または、錆が極度に進行して母材の断面減少が生じている状態をさす。耐候性鋼材においても、極度な錆（腐食）の進行により断面減少が著しい状態をさす[写真3-1]。

著しい腐食が発生しやすい主な箇所は以下に示すとおりである。

- 漏水の多い桁端部
- 水平材上面など滞水しやすい箇所
- 支承部周辺
- 通気性・排水性の悪い連結部
- 泥、ほこりの堆積しやすい下フランジの上面
- 溶接部

鋼橋は塗装の劣化により腐食が始まっても直ちに耐荷力の低下を生じることはないため、塗装劣化を楽観視しがちであるが、いったん腐食が始まると、通常の塗替えでは再び塗替えが必要となるまでの間隔が短くなることから、腐食が始まる前に塗替えることが望ましいとされている。しかし、全面塗替えには多大な費用が発生すること、著しい腐食は桁端部付近など限られた範囲に集中していることが多いことから、著しい腐食箇所のみを再塗装する部分塗装という考え方が広まってきている。

(2) 亀　裂

亀裂は、応力集中が生じやすい部材の断面急変部や溶接接合部などに多く現れる。鋼材内部に生じる場合もあるので外観性状だけからは検出不可能なものが多い。亀裂の大半は、極めて

写真3-1 主桁端部に板厚減少を伴う錆が発生

写真3-2 垂直補剛材の亀裂の疑いのある塗膜割れ

小さく溶接線近傍のように表面性状がなめらかでない場合には表面の傷や錆等による凹凸の陰影との見分けがつきにくいことがある。なお、塗装がある場合に表面に開口した亀裂は塗膜割れを伴うことも多い[写真3-2]。

亀裂が発生する主な箇所は以下に示すとおりである。

- 溶接部
- 断面急変部
- 切欠き部
- ボルト孔

亀裂は発見することが困難であり、塗膜割れが生じてそこから錆汁が出ているような場合に初めて発見できると言われている。亀裂を発見するためには、従来から亀裂が発生しやすいとされる箇所を亀裂があると疑って点検する必要がある。亀裂が容易に発見できる場合はかなり深刻な状況と考えられる。亀裂が疑われる塗膜

割れや錆汁が見つかった場合は、専門技術者に詳細調査を依頼する。

(3) ボルトの脱落

ボルトの脱落には高力ボルトの遅れ破壊（水素脆化）によるものがある。これはＦ11Ｔ等級以上のボルトが突然脆性破壊する現象で、構造安全性に問題が生じるだけでなく、破断したボルト、ナットが落下することで橋梁下を通過する車両などに第三者被害を起こす恐れがあるため注意が必要である。

遅れ破壊は、昭和30年代になってからそれまで使われていたリベット継手が、高力ボルトによる摩擦接合継手に切り替わってから問題となった現象であり、リベット継手では生じない。高力ボルトがJIS規格化された昭和39年には、高力ボルトの材質としては、Ｆ７Ｔ、Ｆ９Ｔ、Ｆ11Ｔ及びＦ13Ｔの4段階の強度のものが規定されていた。このうち、高強度のＦ13Ｔは使用されてしばらくして遅れ破壊が確認され、あまり普及しないうちに昭和42年には使用されなくなった。その後、Ｆ11ＴもＦ13Ｔ同様に遅れ破壊するものがあることが確認され（すべてのメーカーのボルトで生じたわけではなく、いまだに破断していないものもある）、昭和54年に製造中止となった。しかし、その間10年間余りは多くの橋梁に使用されたため、この時期に建設された橋梁ではいまだに脱落が少しずつ発生し続け問題となっている［写真3-3］。

(4) 破　断

腐食や亀裂が著しく進展すると、最終的には部材の破断に至る。破断は構造安全性を著しく損なう危険性があるため、発見した場合には緊急対応が必要である。

近年、コンクリートに埋込まれた部分での破

写真3-3　横構のボルト脱落

写真3-4　コンクリートに埋め込まれた部分での破断

断事例が報告されている。コンクリートと鋼材の境界部分に隙間や錆が認められる場合には、内部で著しい腐食が進行している可能性があるため、そのような構造を有する橋梁においては、より注意した点検が必要である［写真3-4］。

(5) ひび割れ・漏水・遊離石灰

コンクリートにおけるひび割れの発生要因は多岐に渡っており、維持管理の上ではその原因および進行性を把握しておくことが非常に重要であり、ひび割れはコンクリートの状態を示すバロメータと言える。

ひび割れの発生は、局部的な欠陥にとどまっていることが多く、それ自体にほとんど害はないが、腐食因子の浸入経路となり鉄筋腐食を促進させることが問題となる。

コンクリート構造物は曲げに対しては粘り強い性質があるが、せん断に対しては脆性的な破

表3-2 構造部に与える影響が大きいひび割れ（主桁）

番号	位　置	ひび割れパターン
①	支間中央部	主桁直角方向の桁下面及び側面の鉛直ひび割れ
②	支間中央部	主桁下面縦方向ひび割れ
③	支間1/4部	主桁直角方向の桁下面及び側面の鉛直ひび割れ
④	支点部	支点付近の腹部に斜めに発生しているひび割れ
⑤	支点部	支承上の桁下面及び側面に鉛直に発生しているひび割れ
⑥	支点部	支承上から斜めに側面に発生しているひび割れ
⑦	掛け違い部	掛け違い部のひび割れ
⑧	PC桁全体	シースに沿って生じているひび割れ

＜RC桁、PC桁＞

壊を生じる。構造物に与える影響が大きなひび割れとしては［表3-2］および［表3-3］に示すようなものがある。

漏水はひび割れ内部に浸入し、鉄筋腐食を促進することから好ましくない。ひび割れだけで水の供給が少ない場合には、腐食速度は比較的

表 3-3　構造部に与える影響が大きいひび割れ（橋台・橋脚）

番号	位置	ひび割れパターン
①	T形橋脚	張出し部の付け根側のひび割れ
②	共通	広範囲に及ぶ多数のひび割れ
③	共通	軸方向に複数の大きなひび割れ
④	支承下部	支承下面付近のひび割れ
⑤	ラーメン橋脚	梁中央部下側のひび割れ
⑥	ラーメン橋脚	柱全周にわたるひび割れ

写真3-5　主桁支点部の漏水を伴う幅が大きい斜めひび割れ（構造物に与える影響が大きい）

写真3-6　掛け違い部の漏水を伴う幅が大きいひび割れ（構造物に与える影響が大きい）

遅い。遊離石灰はひび割れに水が供給されていることを示している。遊離石灰が褐色になっている場合には、鉄筋腐食による錆汁が発生している可能性が高く、注意が必要である [**写真3-5**] [**写真3-6**]。

(6) 鉄筋露出

鉄筋はコンクリート中では腐食が抑制されて

いるが、露出した状態では腐食が進行するため、鉄筋露出が認められた場合には何らかの措置が必要である。

大規模な剥離が発生し、鉄筋が著しく腐食している場合には、鉄筋の有効断面の減少や破断等が懸念され、橋梁の構造安全性に及ぼす影響が大きい。このような場合には、詳細調査を実施して鉄筋露出の原因を究明し、適切な対策を検討することが必要である［写真3-7］。

(7) 抜落ち

床版の部分的な抜落ちが生じると、直ちに路面陥没につながり、交通の安全を確保するために通行止めなど通行規制が必要な状態になってしまう。したがって、抜落ちを発見した場合には緊急な対応が必要である［写真3-8］。

(8) 床版ひび割れ

床版ひび割れは、放置すると最終的には抜落ちに至り、通行車両に多大な影響を与える。ひび割れが著しい、あるいは、顕著な進展が認められる場合には、手遅れの状態になる前に詳細調査等を実施して適切な対策を検討することが望ましい。

鉄筋コンクリート床版は、乾燥収縮等により橋軸直角方向（主鉄筋方向）にひび割れが入りやすい。床版の損傷の第1段階が橋軸直角方向ひび割れである。さらに進展して曲げ応力に耐えきれなくなった床版は橋軸方向にもひび割れが発生し、大きな格子状を呈する。このような現象が繰り返され、やがて床版全体にサイコロ状のひび割れに進展する［写真3-9］［写真3-10］。

(9) PC定着部の異常

PC鋼材の定着部はアンカー版が用いられることが多い。PC鋼材定着後は後埋めコンク

写真3-7 主桁の鉄筋露出（部分的）

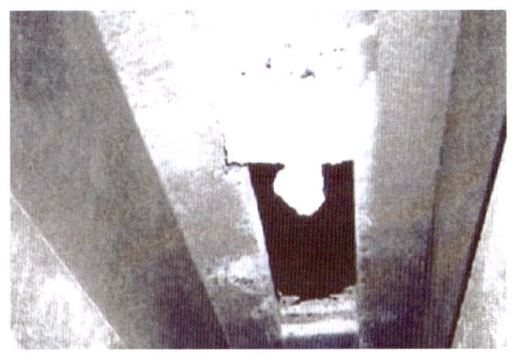

写真3-8 PC桁の間詰め部の抜落ち

写真3-9 幅の小さい一方向ひび割れ発生（ひび割れはチョークでマーキング）

写真3-10 格子状ひび割れに進展（ひび割れはチョークでマーキング）

リートでふさがれることがほとんどであるが、鉄筋のかぶりと同様に十分なかぶりが確保されていない事例があり、アンカー版などの腐食によりかぶりコンクリート片が落下して第三者被害を生じる事例がある。また、シース内へのグラウト注入不足やPC桁間の間詰めコンクリートなどからの漏水により、PC鋼材が腐食して破断した場合は、この部分からPC鋼材が飛び出す恐れがある。PC定着部に何らかの異常が認められた場合には早急に対応が必要である[写真3-11]。

写真3-11 定着部コンクリートのひび割れ

⑽ 路面の凹凸

伸縮装置の段差は、フェースプレート等の破断やめくれの原因となり、舗装の陥没は床版の抜落ちが懸念される。また、これらの路面の段差は、二輪車の通行安全性が損なわれたり、大型車通過時に主桁や床版に作用する衝撃を大きくしたりする恐れがある。路面に現れる変状は、床版や支承の異常によって引き起こされている場合があるため、変状の発生原因を明確にした上で適切な対応を行うことが必要である[写真3-12]。

写真3-12 伸縮継手部の段差（20mm程度以上で走行に支障）支承に変状がないか要確認

⑾ 支承の機能障害

支承は上部工からの反力を下部工へ伝達する重要な箇所で、支点部での変状は路面の段差など他の部材の変状を誘発する可能性が高い。また、変位追随機能の障害は、主桁や下部構造に想定外の荷重を作用させ、これらの部材に悪影響を与える。狭隘な場所で、堆積物や泥水の流下があるため点検しにくい箇所であるが、近接して入念な点検を行うことが大切である。

支承部の主な損傷は、腐食、亀裂、ゆるみ、脱落、破断、遊間の異常、土砂詰り、沈下・傾斜・移動である[写真3-13][写真3-14]。

写真3-13 支承の浮き上がり（支承の機能が損なわれている）

写真3-14 支承本体の破損（支承の機能が著しく阻害されている）

写真3-15 周辺土砂の著しい洗掘

写真3-16 洪水後に発見された橋台のひび割れ。洗掘等による沈下が疑われる。

⑿ 下部工の変状

下部工の沈下・移動・傾斜は、その原因を明確にして対策を実施しないと再損傷を引き起こす可能性が高い。また、洗掘は、進展すると下部構造に傾斜が生じる可能性があり、最終的には橋梁の構造安全性を低下させる危険性が高い。洪水後には変状がないことを目視確認することが必要である［写真3-15］［写真3-16］。

3.1.2 部材毎の劣化要因

⑴ 鋼材の劣化要因

① 腐　食

鋼材が腐食するのは熱力学的に安定な方向に向かうものであり避けることはできない。このため、橋梁として使用するに当たっては何らかの防食が施されている。防食法としては塗装、亜鉛メッキ、金属溶射、耐候性鋼が挙げられるが、塗装が最も一般的に用いられており、亜鉛メッキと金属溶射の事例は少ない。近年はライフサイクルコストの低減を目指し、特に山間部での耐候性鋼の使用が増加してきているが、耐候性鋼の性質を正しく理解せず十分な維持管理が行われていない場合も多い。

鋼材の腐食は、水と酸素が存在する環境下で起こり、塩化物や硫黄酸化物など電解質の存在によってその速度は影響を受ける。近年は、飛来塩分や凍結防止剤による著しい腐食劣化が注目されているが、腐食の主要因は塩分ではないことに留意しなければならない。

大気中に置かれた鋼材の表面は「濡れ」と「乾燥」を繰り返している。腐食反応が進行するのは「濡れ」の時であり、「濡れ時間」は気温、日照、降雨、湿度、風などによって影響を受ける。鋼材の腐食速度を遅くするためには、濡れ時間を短くすること、言い換えれば、乾燥しやすい状態にすることが最も重要である。桁端部は風を受け止め、抜けにくいため、ほこりや土砂が溜まりやすい。このため、漏水などでいったん滞水すると湿潤状態が長く続いてしまい、著しい腐食が進行することが多い。

鋼橋の維持管理においては、急激な腐食を防ぐことが重要であり、日常管理における桁端部の清掃や、定期的な桁の水洗いによる塩分などの付着物除去を行うことで、低コストでの長寿命化が可能となる。

参考：耐候性鋼材とは

耐候性鋼材は、普通鋼材に適量の銅、クロム、ニッケルなどの合金元素を添加することにより、鋼材表面に緻密な錆層を形成させ、これが鋼材表面を保護することで以降の錆進展が抑制され、腐食速度が普通鋼材に比べて低下する、という優れた防食性能を有している。しかし、どのような環境においても、その性能が発揮されるもので

はない。

　耐候性鋼材は、適切な乾湿繰り返し環境下においては、時間の経過とともに腐食速度は非常に小さなものとなるが、完全にゼロとはならない。また、良好な錆が形成され腐食速度が遅い状態に至っていた場合でも、置かれた環境が変化すると、次第にその環境に応じた腐食速度になる。例えば、漏水や植物の成長などにより湿潤状態が長く続くような環境に変化した場合、次第に腐食速度は速くなる。特に、塩分濃度が高い環境に曝されると、短期間で著しい板厚減少を招くことがあるため注意が必要である。

　過去において、「耐候性鋼橋梁は安定錆が形成されることにより腐食しなくなるためメンテナンスフリーである。」と認識されている時期があった。しかし、これは誤りであり、「耐候性鋼橋梁はわずかな腐食を許容しており、期待耐用年数後の板厚減少量が設計時の目標値以下となるよう維持管理が必要である。」と考えるべきであり、適切な維持管理を行うことでライフサイクルコストを低減することができる。

② 疲　労

　金属は、その材料が有する引張強さ以上の荷重がかかると破断するが、引張強さ以下の荷重でも繰り返して負荷されることにより破断に至ることがある。この現象が「疲労」と呼ばれており、初期に微細な亀裂が発生し、次第に亀裂が進展して破断に至る。

　橋梁では溶接部、切欠き部、ボルト孔などにおいて、応力集中による疲労亀裂が発生しやすい。また、鋼製支承が腐食などにより機能が低下し、移動が拘束されると、ソールプレート溶接部やソールプレートストッパー部に疲労亀裂が発生する場合があるため注意が必要である。

　疲労亀裂が発生するまでの繰り返し応力の回数は、応力が大きいほど指数的に少なくなる。従って、大型車の通行量の多い橋梁では、点検時に疲労亀裂に対して特に注意を払うことが必要である。

(2) コンクリートの劣化要因

① 中性化

　セメントと水との反応生成物（セメント硬化体）のpHは13程度と高いアルカリ性を示す。このセメント硬化体が空気中の二酸化炭素との化学反応によりフェノールフタレインで赤色を呈さない段階までpH低下が進行（pH＝約9）した状態を中性化と呼んでいる。

　鉄筋は通常はコンクリートの高pHにより保護されており、腐食は進行しない。しかし、鉄筋位置のコンクリートが中性化すると腐食が進行し始める。鉄筋腐食が進行すると、錆の生成に伴う膨張圧により、かぶりコンクリートのひび割れや剥落が発生する[**写真3-17**]。

　水中や湿潤状態に置かれたコンクリートでは、中性化の進行速度は極めて遅い。このため、橋脚などの常時水中に没する部位では中性化による劣化の心配は基本的にない。大気中であっても、粗でない通常のコンクリートであれ

写真3-17　中性化による鉄筋腐食、かぶりコンクリート剥落状況。漏水跡（やや黒い部分）が見られない部分での中性化が、より進行していると推定される。

ば、かぶりが十分に確保（5cm程度以上）されている場合には、中性化による劣化は長期的にもほとんど問題とはならない。一般に、中性化が問題となっているのは、粗なコンクリートが打設されている場合や、部分的に欠陥がある場合、あるいは、かぶりが極端に少ない場合など、施工に起因したものがほとんどである。

コンクリートの中性化速度は時間の平方根に比例するとされており、「コンクリート標準示方書［維持管理編］」に示されている予測式を用いて一般的なコンクリートにおける50年後の中性化深さを予測すると、［表3-4］に示すように中性化は非常に遅いことがわかる。

表3-4 一般的なコンクリートの中性化速度

水セメント比	50年後の中性化の深さ
50%	11mm
55%	16mm
60%	21mm

② 塩　害

コンクリート中の鉄筋は高pHによって腐食から保護されているが、塩分が高濃度で存在すると高pHであっても（中性化していなくても）腐食が進行する。鉄筋腐食が開始する塩分濃度は「腐食発生限界塩化物イオン濃度」と呼ばれており、「コンクリート標準示方書［施工編］」では腐食発生限界塩化物イオン濃度として$1.2 kg/m^3$という数字が示されている。しかし、これは施工時のコンクリート性能を照査する際の目安として用いている数値であり安全側の値である。一般的にはコンクリート中に$1.2 kg/m^3$から$2.5 kg/m^3$程度の塩分が含まれていると、鉄筋腐食が開始すると言われているが、これ以上の塩分が含まれていても鉄筋腐食が進行していない場合もあり、塩分の絶対値だけで評価すると過剰な補修を招くこともあるため注意が必要である。

建設省総合技術開発プロジェクト（平成元年）「コンクリートの耐久性向上技術の開発」では、"鋼材位置での含有塩分量が$2.5 kg/m^3$程度以上であれば、補修を行うのが望ましい。"としており、この数値が一つの目安と考えて良い。香川県下では、古くから細骨材として海砂が用いられており、除塩が不十分な場合は、コンクリート全体の塩分濃度が高くなっている場合がある。塩害の評価に当たっては、鉄筋付近の塩分濃度だけでなく、表面および中心部の塩分濃度を調査し、塩分の浸透状況を把握しておくことが重要である。

塩害の影響を最も受けやすい部位は、乾湿の繰り返しがある飛沫帯に位置するコンクリートである。干満帯や海水中のように湿潤環境にある場合には、塩分の浸入は多くても、もう一つの腐食推進要因である酸素の供給が遅いため、結果として鉄筋腐食速度は遅くなり、塩害劣化の可能性は非常に低い。

塩害による劣化も、中性化と同様に施工の影響を大きく受け、かぶり不足が最も大きな要因とも言える。鉄筋腐食が開始してからの腐食速度は、塩分により加速されるため、かぶりコンクリートのひび割れや剥落などの劣化速度が中

写真3-18 塩害により鉄筋が一部露出した橋脚。かぶり不足も劣化の一因となっている。

写真3-19 ASRが進行した橋脚に見られる鉛直方向のひび割れ。

写真3-20 ASRが進行したT型橋脚上部に見られる、水平方向に卓越したひび割れ。

写真3-21 ASRが進行した橋脚張出し端部に見られる網目状のひび割れ。

写真3-22 ASRが進行した地幅に見られる、延長方向に発生したひび割れ。

性化に比べて速く注意が必要である［写真3-18］。

③ アルカリ骨材反応（ASR）

アルカリ骨材反応（ASR）は、骨材に含まれるある種の鉱物と、コンクリートの構成要素の一つである水酸化アルカリ（Na^+、K^+、OH^-）を主成分とする細孔溶液との間の化学反応として定義されている。この反応に伴って発生する局所的な膨張圧によって、コンクリートにひび割れが発生する。

一般に、アルカリ骨材反応によるひび割れは網目状（亀甲状）に発生するのが特徴と言われているが、現実には何らかの方向性を持っている場合が多い。アルカリ骨材反応による膨張圧は3次元的に発生するが、構造物は鉄筋などによる拘束を受けているため、拘束力が大きい方

向への膨張は抑制される。結果として拘束方向に平行なひび割れが発生する。鉄筋コンクリートでは、主筋に平行なひび割れ（柱では垂直、梁では水平なひび割れ）が発生する。無筋コンクリートであっても拘束方向に平行な成分が卓越していることが多い。

橋梁では以下のような特徴がある。

- 橋脚下部では鉛直方向のひび割れ［写真3-19］
- T型橋脚の上部では水平方向のひび割れが卓越［写真3-20］
- T型橋脚張出し部は、拘束があまりないため網目状ひび割れが発生する［写真3-21］
- 地幅に延長方向のひび割れ［写真3-22］
- PC桁では延長方向のひび割れ［写真3-23］

● 第3章 ● 橋の維持管理に関する基礎知識

写真3-23 ASRが進行したPC桁に見られる、延長方向に発生したひび割れ。

写真3-24 ASRが進行した橋台に見られる、水平方向に卓越したひび割れ。

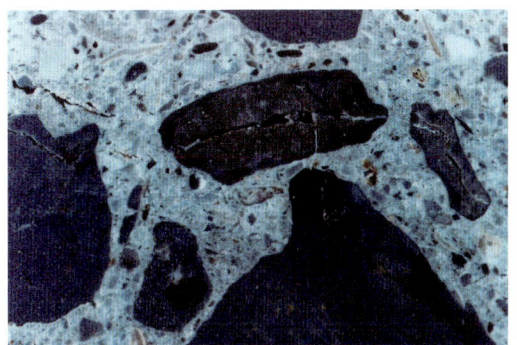

写真3-25 複数の骨材を貫くように発達したひび割れ。

写真3-26 骨材周縁部の反応リム（暗色部分）と骨材内部のひび割れ。

・橋台では水平方向のひび割れ、あるいは、網目状のひび割れ［写真3-24］

アルカリ骨材反応が進行したコンクリートコアを採取し観察すると、以下のような特徴が認められる。

a）微細なひび割れの発生（モルタル部分のひび割れが、粗骨材を貫くように発達）。

アルカリ骨材反応を起こすと、コンクリート内部には数μ～数百μの微細なひび割れが発達する。このうち数百μのひび割れは、コンクリート切断面（コア側面）において肉眼でも観察できる。ひび割れの程度は、反応の進行の程度によって異なり、肉眼ではわずかしか認められない場合もある。劣化が激しい場合には、骨材中に何本もの微細なひび割れが発生していることがある［写真3-25］。

b）骨材の周縁に、黒く染めたような環状の変色域（反応リム）が見られる。

写真3-27 空隙（気泡）中に析出した白色のアルカリシリカゲル。

骨材を縁取る暗色の反応リムは、アルカリ骨材反応の特徴ではあるが、表面が風化した岩石においても、同様のリムが観察される場合があるため、反応リムの存在だけでアルカリ骨材反応によるものと断定することは危険である。

骨材（岩石）の種類によって、反応リムが見えやすいものと見えにくいものがあり、注意して見る必要がある。ただし、アルカリ骨材反応

31

写真3-28 ASRが進行したコンクリートの破断面（写真左）では破断した骨材面、白色の反応生成物が認められるが、健全なコンクリート（写真右）では骨材の破断面は見られない。

が起こっていても、すべての骨材に反応リムが見えるわけではない［写真3-26］。

c）骨材またはその周囲や空隙中（気泡やひび割れ）に、透明または白色ゲルが生成。

アルカリ骨材反応では、骨材中の鉱物とアルカリの反応によりアルカリシリカゲルが生成される。このゲルの吸水膨張によりコンクリートが膨張すると考えられている。透明なゲルは水のように見えるが、さわると若干べとついており、乾かすと白色になることから識別できる［写真3-27］。

d）コンクリート破断面では、割裂した骨材が見られる。

健全なコンクリートの破断は、骨材とセメントペーストの界面で起こるが、反応により骨材が脆弱化あるいは微細なひび割れが発生しているため、骨材が割裂する。骨材の割裂面に白色ゲルが生成していることもある［写真3-28］。

3.1.3 香川県下での損傷の特徴

(1) 鋼橋の損傷の特徴

鋼橋の場合、塗装の劣化が著しいものが散見される。ただし、飛来塩分環境がマイルドで漏水がない場合には、塗膜劣化後の鋼材の腐食速度は非常に遅い状態にあり、再塗装をあえて行わなくても良いようなものも存在している。鋼橋の再塗装に際しては、塗膜の状態だけでなく腐食状況も合わせて評価し、どのような措置を施すかを決定することが望ましい［写真3-29］。

鋼橋に限らず桁端部は風の吹き溜まりとなり、土砂が堆積していることが多い。この状況に伸縮装置などからの漏水が重なると、端部の腐食環境は極端に悪くなる。このため、桁端部のみ腐食進行が著しい場合が多く認められる。特に、塩害の影響を受ける地域では、塩分により腐食が加速されるため、全体としての腐食速度は遅くても、端部のみ極端に腐食が進行する場合があるので注意が必要である［写真3-30］。

鋼橋では疲労亀裂が最も注意しなければならない劣化事象であるが、香川県下の地方自治体管理橋梁では、交通量が少ない場合が多いため、疲労亀裂発生の可能性は低い。港湾近傍など、過積載車の通行可能性が高い橋梁についてのみ留意しておくことで良いと言える。

写真3-29 上塗りはほとんど消失しており、鋼材腐食が進行している。しかし、均一な腐食であり速度は遅い状態にあると推定される。

写真3-30 漏水の影響を受け端部（丸印内）のみ著しい腐食が進行している。

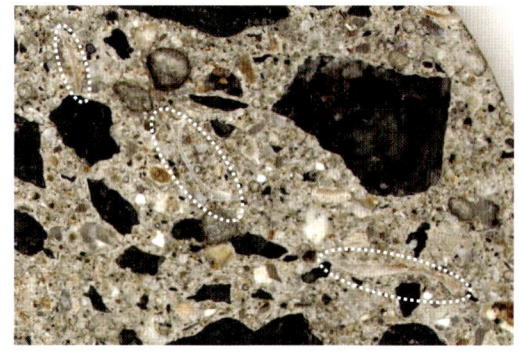

写真3-31 コア切断面の貝殻片。目視で十分に確認できる。

写真3-32 橋台の端部のみにASRによるひび割れが発生している（H橋）。

分による塩害の進行は遅いと言える。ただし、除塩されていない海砂を使用している場合、および、凍結防止剤が多量に散布される橋梁の場合は注意が必要である。海砂を使用しているかどうかは、採取したコンクリートコアにおいて貝殻片の有無を観察することで容易に確認できる［写真3-31］。

河口部の橋梁で鉄筋露出している場合、塩害による劣化という表現は必ずしも適切でない。多くの場合は、かぶり不足であったために引き起こされた劣化事象であり、かぶりが十分に確保されていれば全く違った状況になっている。

(2) コンクリートの損傷の特徴

① 塩害は比較的少ない

瀬戸内は冬季の季節風が日本海側などに比べて穏やかであるため、海塩粒子の飛散量そのものが少なく、塩害環境としては厳しくない地域と言える。このため、河口に位置し海水の飛沫の影響を直接受けるような橋梁以外は、飛来塩

② アルカリ骨材反応が多い

日本においてアルカリ骨材反応が社会問題化したのは阪神高速道路の橋脚における事例がきっかけとなっているが、このコンクリートにおいて使用されていたのが豊島産安山岩である。このため、瀬戸内地域ではアルカリ反応性骨材といえば安山岩という認識が強い。事実、

香川県下におけるアルカリ骨材反応の事例は、安山岩骨材によるものがほとんどである。島嶼部で産出される安山岩だけでなく、四国内において産出される安山岩も基本的には同質のものであり、アルカリ骨材反応の可能性を有している。香川県下では安山岩は主要な骨材であり、古くから数多くのコンクリート構造物に用いられていることから、他の地域に比べるとアルカリ骨材反応によるコンクリート劣化の可能性が高い状態にある。しかし、同一産地であっても産出状態によって反応性は大きく異なっており、構造物に被害をもたらすほど反応性が高いものは少ないと言える。

橋梁においてもアルカリ骨材反応による劣化が進行したものは数多く認められている。しかし、激しいひび割れが発生し、一見してアルカリ骨材反応とわかるような事例はあまり多くない。構造物の一部分にのみひび割れが発生しているなど、アルカリ骨材反応の進行程度が比較的軽微な場合が多い[写真3-32]。また、顕著なひび割れが発生していなくても、コンクリートを採取して詳細観察してみると軽微なアルカリ骨材反応が進行している場合もある。

点検結果からアルカリ骨材反応が疑われる橋梁を対象として行われた調査結果の一例を[表3-5]に示す。今後の対応として「経過観察」とされた橋梁が半数以上を占めており、残りの橋梁についても補修・補強が必要かどうか、今後検討しなければならない段階であり、アルカリ骨材反応による著しい劣化が進行しているも

表3-5　アルカリ骨材反応に関する調査結果例[3]

調査項目	種別	Te橋(橋台)	H橋(橋台)	G橋(橋台)	O橋(橋台)	A橋(橋台)	M橋(主桁)	Ta橋(橋桁)
外観調査	ひび割れ	やや少ない	やや少ない	やや少ない	著しい	著しい	やや少ない	多い
	ひび割れパターン	水平・鉛直	水平・鉛直	水平	網目状	網目状	橋軸方向	一部網目状
	析出物	部分的	部分的	部分的	部分的	殆ど無し	部分的、量多	殆ど無し
鉄筋健全度	かぶり(cm)	11～13	8	14	13	9～13	1～5	7～10
	腐食程度	点錆程度	全体に表面的腐食	腐食無し	点錆程度	点錆程度	全体に表面的腐食	点錆程度
	中性化深さ(mm)	8.5	15.7	8.7	16.2	9.9	17.0～28.4	8.5
圧縮強度及び静弾性係数試験	圧縮強度(N/mm^2)	21.5～36.9	21.9～20.2	35.7～50.0	19.1～22.6	18.7～28.3	31.6～36.5	35.0～40.8
	静弾性係数(10^4N/mm^2)	0.71～2.09	1.22～1.74	2.10～3.20	0.95～1.63	0.60～1.63	1.82～2.46	1.46～2.63
コアの外観観察	破砕骨材	やや多い	少ない	少ない	非常に多い	やや多い	僅か	やや多い
	ゲル析出	やや多い	少ない	僅か	非常に多い	多い	僅か	少ない
偏光顕微鏡観察	粗骨材の種類	川砂利(変成岩、砂岩)	安山岩砕石、川砂利(安山岩、砂岩)	安山岩砕石	安山岩砕石	安山岩砕石	安山岩砕石	安山岩砕石
	細骨材の種類	海砂	川砂	海砂	海砂	海砂	川砂	海砂
	ASRの判断	片岩によるASR	安山岩によるASR	安山岩によるASR	安山岩による顕著なASR	安山岩による顕著なASR	安山岩によるASR	安山岩による顕著なASR
今後の対応		経過観察	経過観察	経過観察	補修・補強必要性検討	補修・補強必要性検討	詳細調査・補修・補強必要性検討	経過観察

のではない。

3.2 橋の点検

3.2.1 点検の種類と頻度

国土交通省制定の『橋梁定期点検要領（案）』（平成16年3月）と香川県制定の『橋梁点検要領（案）』（平成21年5月）における点検の種類と頻度を［表3-6］に整理する。

(1) 通常点検

通常点検は、一般に道路巡回や道路パトロールと呼ばれており、車内からの目視により実施する。この点検の目的は、道路の異常、損傷などの発見、道路構造の把握、緊急時の応急措置の実施等である。通常点検は一般に道路全般を点検の対象とするが、橋梁に限定すると、路面から確認できる橋梁構造の異常や損傷を発見することである。例えば自動車防護柵、高欄、橋梁上の照明柱や標識柱、伸縮装置、路面状況、中路または下路のトラス橋やアーチ橋の部材、斜張橋の塔やケーブルなどが対象となる。路面状況から床版の異常を、また段差や騒音から伸縮装置や支承の異常を知ることができる。

(2) 定期点検

定期点検は、橋梁の現状を把握し、異常及び損傷を早期に発見することにより、安全で円滑な交通を確保するとともに、合理的な橋梁の維持管理のための資料を得ることを目的として実施する。維持管理上において最も重要な点検である。これらの目的を達成するために、点検頻度、点検方法、点検の対象部材、点検項目（損傷の種類）、損傷度の判定基準、記録方法などを定めた要領やマニュアルに基づいて行われる。定期点検はその内容や目的により、道路管理者の責任と判断でその頻度を定めている。国土交通省では、点検用足場を用いたり橋梁点検車などを利用したりして、できるだけ部材に接近して点検する近接目視を原則として、5年毎に実施することとなっている。定期点検により橋梁部材に何らかの異常や損傷が発見された場合は、それらの程度と内容により、補修や詳細調査を行うこととなる。

表3-6 点検の種類と頻度

	国土交通省制定『橋梁定期点検要領（案）』（平成16年3月）		香川県制定『橋梁点検要領（案）』（平成21年5月）	
	点検方法	点検頻度	点検方法	点検頻度
通常点検	車内からの目視	日常的	車内からの目視	日常的
定期点検	近接目視	供用後2年以内に初回 2回目以降原則5年以内	近接（遠望）目視	供用後2年以内に初回 2回目以降原則5年以内
中間点検	近接（遠望）目視	適切な時期を設定	—	—
特定点検	適宜制定	適宜制定	—	—
異常時点検	近接（遠望）目視	異常時	遠望目視	異常時
詳細調査	近接目視 各種試験など	随時	近接目視 打音検査 各種試験など	随時
追跡調査	近接目視 各種試験など	随時	—	—

(3) 中間点検

　中間点検は、事故や火事などによる不測の損傷の発見や、損傷の急激な進展などにより、直近に行われた定期点検時の状態と著しい相違が生じている箇所がないかどうかを概略確認するために、目視を基本として行われる。原則として定期点検の中間年に実施することにより、定期点検を補足する役割を持つ。特に定期点検の結果、損傷が進行性の可能性があると考えられる場合や、補修などの効果の確認が必要な場合など、継続的な観察が必要と判断された橋梁に対しては適切な時期に実施する必要がある。

(4) 特定点検

　特定点検とは、定期点検とは別に、特定の事象に着目して予防保全的な観点などから、あらかじめそれらの事象に応じた期間及び方法を定めて計画的に行う点検のことである。塩害特定点検や第三者被害予防措置等がこれに当たる。

(5) 異常時点検

　異常時点検とは、地震や台風などの災害や大きな事故が発生した場合、あるいは予期していなかった異常が橋梁に発生した場合などにおいて、必要に応じて橋梁の安全性を確認し、安全で円滑な交通の確保と、沿道や第三者への被害の防止を図るための点検である。

(6) 詳細調査

　詳細調査は、補修等の必要性の判定や補修方法などを決定するために、主に損傷原因を特定する目的で実施するものであり、損傷の種類に応じて適切な方法を選択することが重要である。また、補修設計のための調査を兼ねる場合もある。

(7) 追跡調査

　追跡調査は、点検や詳細調査の結果、鋼部材の亀裂、コンクリート部材のひび割れ、異常な変位、下部工の沈下、移動、傾斜、洗堀などの進行の恐れのある損傷や異常が発見された場合に、その進行状況を把握する目的で実施される。

　上記の点検において、市町村の管理者にとって重要な点検は1）通常点検と2）定期点検であり、都道府県レベルと同等ないし、それを自治体の状況に合わせたルール化が重要である。

3.2.2　定期点検の概要

　定期点検では、あらかじめ定めた要領に基づき、橋梁の損傷状況を的確に把握することが求められる。国土交通省制定の『橋梁定期点検要領（案）』では26項目の損傷を対象としているが、香川県制定の『橋梁点検要領（案）』では、点検の簡素化をを目的とし、国総研が自治体に向けて作成した『データ収集要領（案）』に基づいた12項目の損傷に絞っている。しかし、実際の点検においては12項目にとらわれず、点検者の知識の範囲内で損傷と判断できる事象の発見に努めることが望ましい。自治体職員が自ら点検を実施する場合には、日頃から橋梁の損傷に関する基礎知識の習得に努めることが必要である。

　各部材の損傷の種類と着目点（概要）を［表3－7］に示す。また、着目部位（点）を［図3－1］～［図3－3］に示す。点検要領の詳細は香川県制定の「橋梁点検要領（案）」や、海洋架橋橋・梁調査会発行の「橋梁点検技術研修テキスト」などを参考にすると良い。

● 第3章 ● 橋の維持管理に関する基礎知識

表3-7 部材毎の損傷の種類と着目点

区分		損傷の種類	着目点
鋼部材		①腐食 ②亀裂 ③ボルトの脱落 ④破断	・桁端部は伸縮装置からの漏水や塵埃の堆積により腐食が発生しやすい。 ・接合部ではボルトの腐食、破断、脱落、ゆるみに注意。 ・桁切欠き部は疲労亀裂が発生しやすい。 ・橋面上の構造物（照明ポールなど）は、固定ボルトのゆるみや、基部の腐食に注意が必要。
コンクリート部材		⑤ひび割れ・漏水・遊離石灰 ⑥鉄筋露出 ⑦抜け落ち ⑧床版ひび割れ ⑨PC定着部の異常	・支間中央部、支間1/4付近、桁端部では応力によるひび割れが発生しやすい。 ・漏水、遊離石灰では錆汁の有無を確認。 ・PC橋ではPC鋼に沿ったひび割れや、PC鋼定着部付近の変状には要注意。 ・うき、剥離箇所で第三者被害の可能性がある場合は、可能な限りたたき落とす。 ・PC－T桁橋では、間詰めコンクリート部の変状に注意。
その他	下部工	⑤ひび割れ・漏水・遊離石灰 ⑥鉄筋露出 ⑫下部工の変状	・ひび割れの発生原因が推定できるよう、位置・方向性（パターン）を把握しておく。 ・連続した幅の広いひび割れには要注意。 ・移動、変形に対しては、上部工や周辺地盤の変状の有無の観察が必要。 ・滞水や滞砂は劣化速度を速める要因となる。
	支承部	⑪支承の機能障害	・支点部での変状は他の部材の変状を誘発する可能性が高い。 ・主な損傷は、腐食、亀裂、ゆるみ、脱落、破断、遊間の異常、土砂詰り、沈下、傾斜、移動。
	路面	⑩路面の凹凸	・下部工の沈下や変形が路面など橋面上に現れる場合がある。 ・凹凸だけでなく、縦断方向の通りの異常、伸縮装置の段差などに注意して観察する。

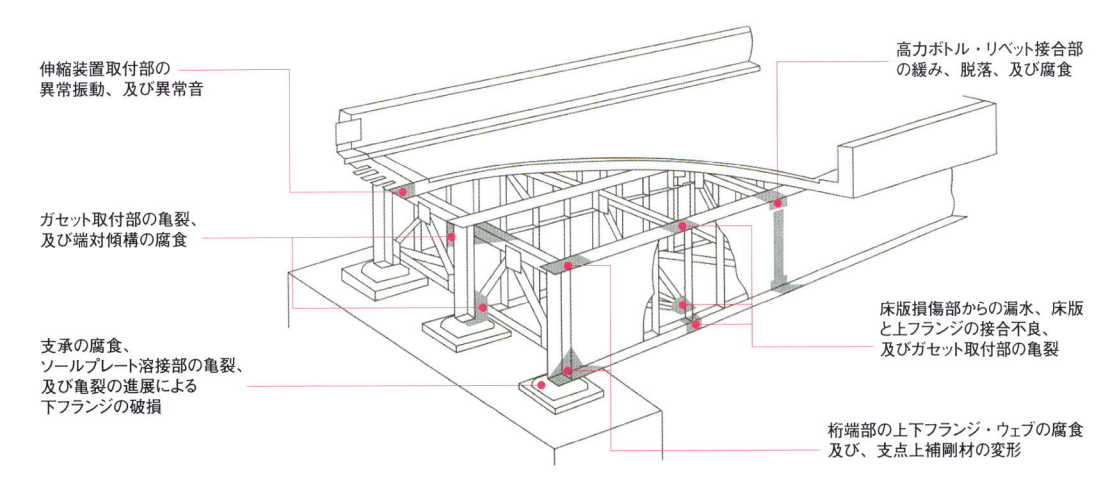

出典：道路橋補修・補強事例（平成19年7月 (社)日本道路協会）

図3-1 鋼橋点検の着目点

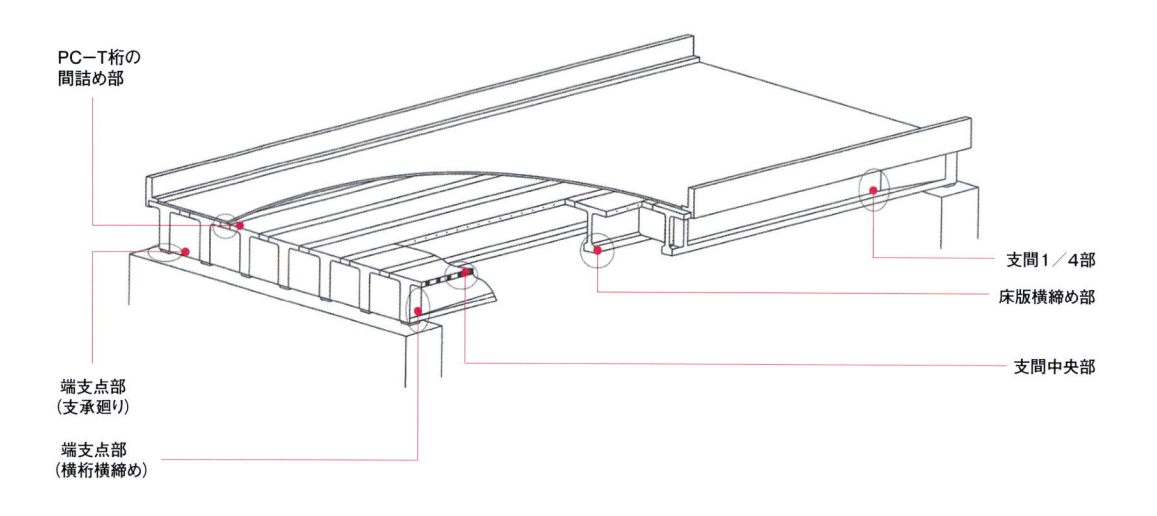

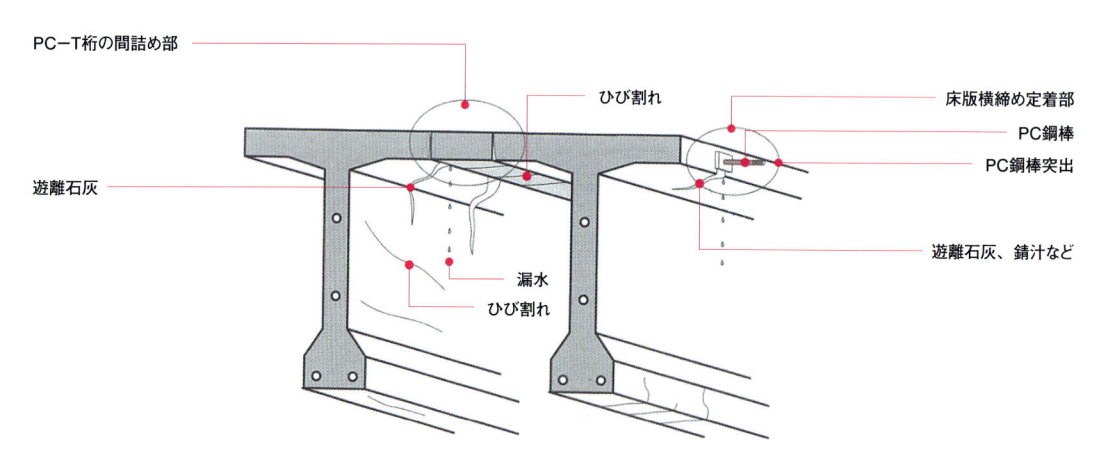

出典：道路橋補修・補強事例（平成19年7月　（社）日本道路協会）

図3-2　コンクリート橋点検の着目点

図3-3 下部工点検の着目点

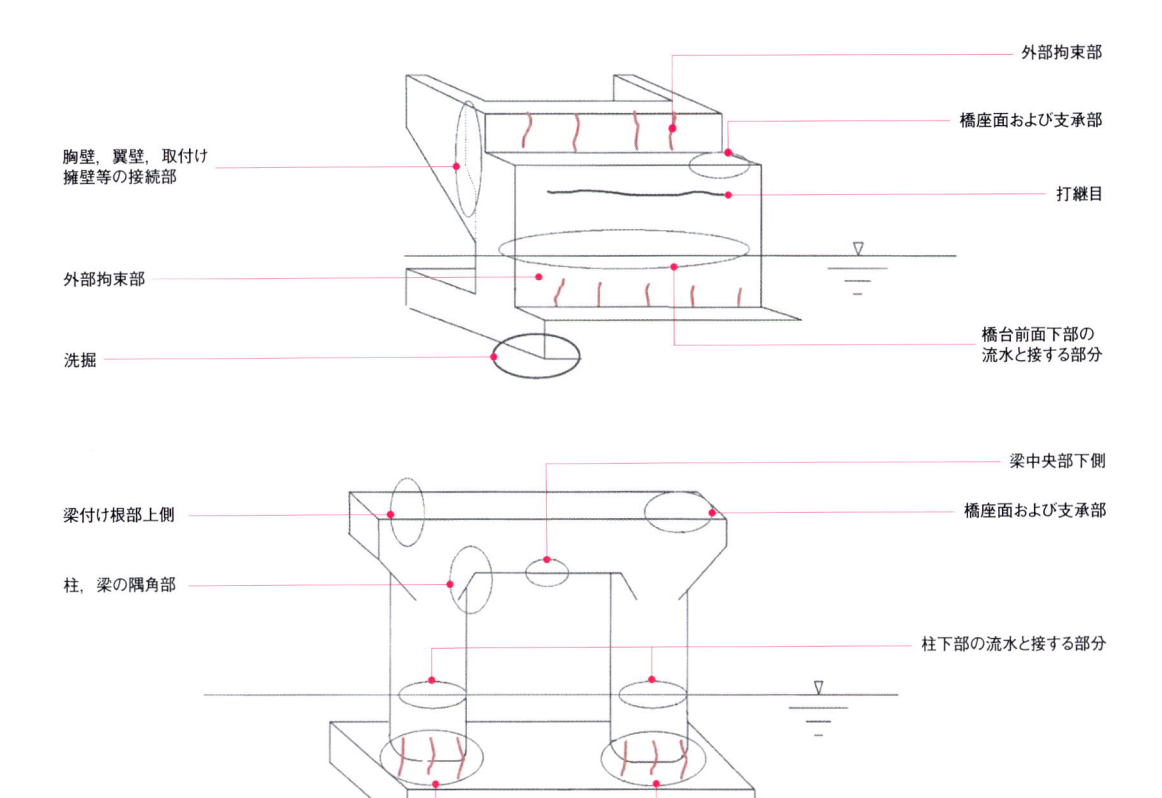

出典：道路橋補修・補強事例（平成19年7月（社）日本道路協会）

3.2.3 点検結果の記録

　点検結果は、データが蓄積されることで、今後の維持・補修等の計画を立てる上での基礎資料となりより有効なデータとなる。よって、決められた様式により記録し、蓄積することが重要である。

　点検記録の有無は、損傷状況を評価するうえで非常に重要なものとなる。例えば、2つの橋梁で同じ損傷状況が認められたとしても、前回の点検記録と比較して、ほぼ同程度で変化がない場合と、劣化が著しく進展している場合では、評価や対応が全く異なる。橋梁の損傷は、突然発生するタイプ（例えばボルトの脱落など）と、時間をかけて進行（進展）するもの（例えば腐食）に大別でき、進行する損傷は、その速度が非常に重要となる。これまでの点検結果が適切に記録・保管され、容易に比較参照できるようにしておくことで、損傷速度を評価することが可能となる。

　点検結果の記録様式の一例として［表3-8］～［表3-11］に香川県の点検結果記録様式を示す。ただし、一旦定めた記録様式だけでは、損傷の状況を十分に表現できない場合もある。点検者が何らかの異常や必要性を感じた場合には、その様式にとらわれず記録を残しておくことも必要である。特に写真を残しておくと、後で非常に役立つ場合がある。ただし、撮影日、撮影部位（橋梁のなかでの位置）などの情報を同時に残しておくことが必須である。

表3-8　香川県の点検記録様式（点検調書〔その1〕）

【点検調書（その1）　橋梁諸元】

【基本項目】

橋梁名(カナ)	△△△△ハシ	橋梁番号	27**	事務所名	○○土木	路線番号	52**	更新	2007年7月24日
橋梁名(漢字)	○○橋	分割番号	1	所在地	○○市	路線名	○○線		

【橋梁諸元】

架設年次(年号)	昭和	橋長(m)	186.0	橋面積(m²)	1,116
架設年次(年)	13	径間数	9	橋格(荷重)	なし

【交差状況】

交差状況	交差物名称	交差状況	交差物名称	交差状況	交差物名称
河川(歩道有)	香東川				

【道路幅員】

道路部幅員(m)	車道部幅員(m)	歩道部幅員(m)	中央帯(m)	分離帯(m)
6.0	5.5	0.0	0.0	0.0

左側(m)

地覆幅幅員	歩道幅左側	路肩幅左側	車線幅左側	車線数左側
0.3	0.0	0.3	2.7	1

左側(m)

車線数右側	車線幅右側	路肩幅右側	歩道幅右側	地覆幅右側
1	2.8	0.2	0.0	0.3

【道路条件】

道路指定	無
緊急輸送路指定	無
凍結防止剤散布	無
荷重制限	無
海岸からの距離(m)	

【交通条件】

交通量調査年度	417
交通量(台/12h)	7819
大型車混入率(%)	6.7

【適用示方書類】

上部構造	大正15年示方書
下部構造	大正15年示方書
耐震補強	平成6年示方書

【上部工】

構造体番号	構造形式
1	RCT桁橋
2	RCT桁橋
3	RCT桁橋
4	RCT桁橋
5	RCT桁橋
6	RCT桁橋
7	RCT桁橋
8	RCT桁橋
9	RCT桁橋

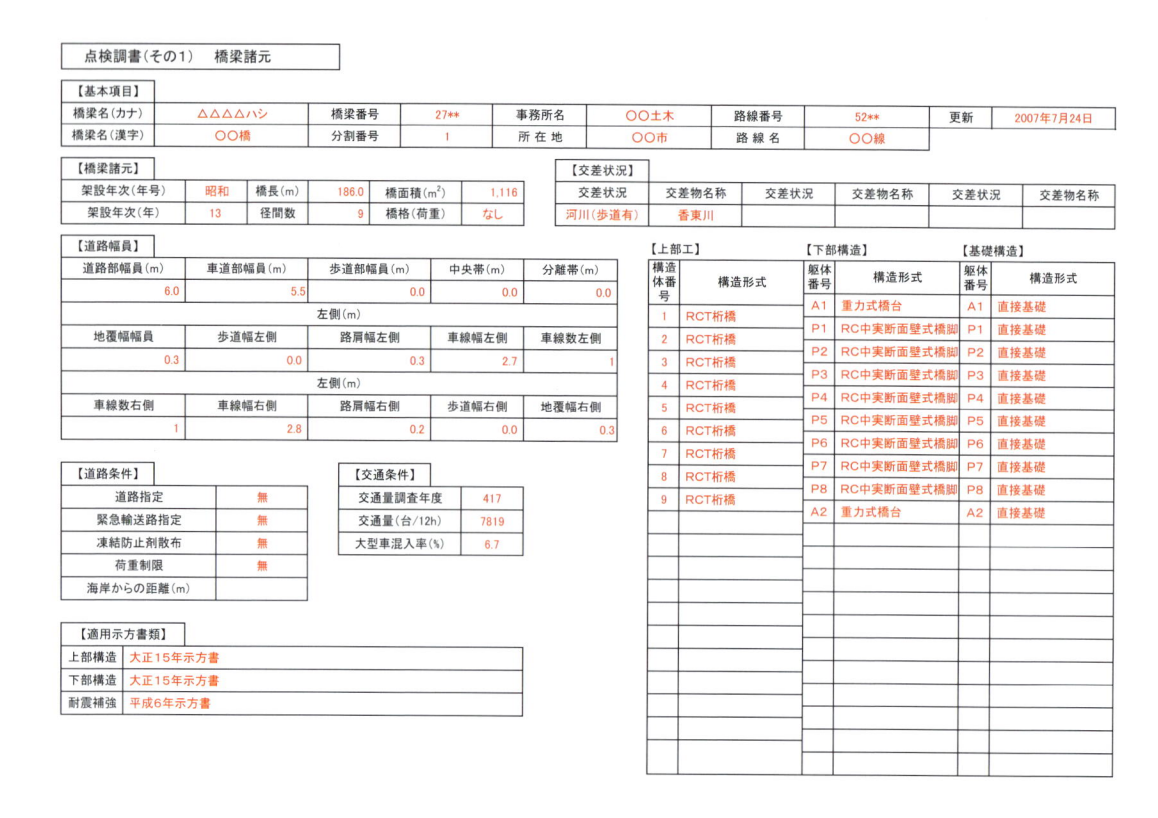

【下部構造】

躯体番号	構造形式
A1	重力式橋台
P1	RC中実断面壁式橋脚
P2	RC中実断面壁式橋脚
P3	RC中実断面壁式橋脚
P4	RC中実断面壁式橋脚
P5	RC中実断面壁式橋脚
P6	RC中実断面壁式橋脚
P7	RC中実断面壁式橋脚
P8	RC中実断面壁式橋脚
A2	重力式橋台

【基礎構造】

躯体番号	構造形式
A1	直接基礎
P1	直接基礎
P2	直接基礎
P3	直接基礎
P4	直接基礎
P5	直接基礎
P6	直接基礎
P7	直接基礎
P8	直接基礎
A2	直接基礎

表3-9　香川県の点検記録様式（点検調書〔その2〕）

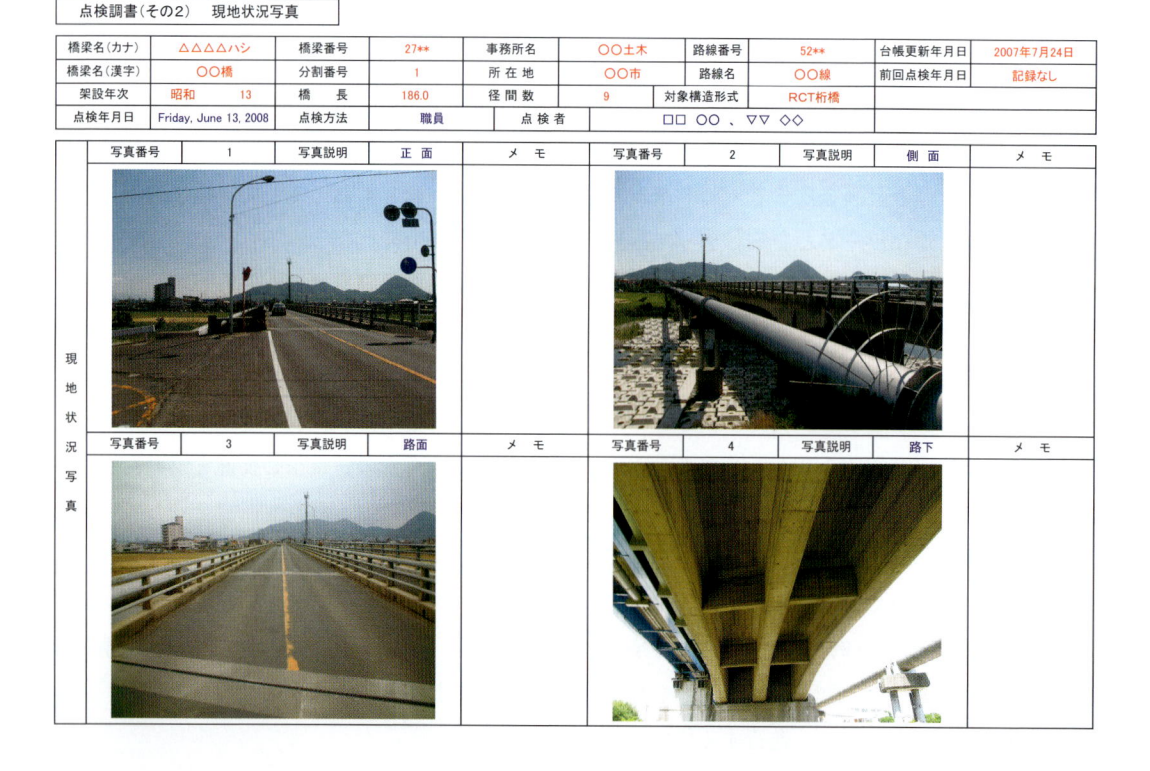

【点検調書（その2）　現地状況写真】

橋梁名(カナ)	△△△△ハシ	橋梁番号	27**	事務所名	○○土木	路線番号	52**	台帳更新年月日	2007年7月24日
橋梁名(漢字)	○○橋	分割番号	1	所在地	○○市	路線名	○○線	前回点検年月日	記録なし
架設年次	昭和 13	橋長	186.0	径間数	9	対象構造形式	RCT桁橋		
点検年月日	Friday, June 13, 2008	点検方法	職員	点検者	□□ ○○ 、 ▽▽ ◇◇				

写真番号	1	写真説明	正面	メモ	写真番号	2	写真説明	側面	メモ
写真番号	3	写真説明	路面	メモ	写真番号	4	写真説明	路下	メモ

現地状況写真

— 40 —

● 第3章 ● 橋の維持管理に関する基礎知識

表3-10 香川県の点検記録様式（点検調書〔その3〕）

点検調書（その3） 損傷程度の評価

橋梁名(カナ)	△△△△ハシ	橋梁番号	27**	事務所名	○○土木	路線番号	52**	台帳更新年月日	2007年7月24日
橋梁名(漢字)	○○橋	分割番号	1	所在地	○○市	路線名	○○線	前回点検年月日	記録なし
架設年次	昭和13	橋長	186.0	径間数	9	対象構造形式	RCT桁橋		
点検年月日	Friday, June 13, 2008	点検方法	職員	点検者	□□ ○○、▽▽ ◇◇				

径間番号・躯体番号	損傷の種類	①腐食	②亀裂	③ボルトの脱落	④破断	⑤ひびわれ・漏水・遊離石灰（ひびわれ位置の番号）	⑥鉄筋露出	⑦抜け落ち	⑧床版ひびわれ	⑨PC定着部の異常	⑩路面の凹凸	⑪支承の機能障害	⑫下部工の変状	損傷位置番号	記録写真番号	コメント欄（損傷に対して気付いたことなどを記入）
評価区分		a～e	有無	有無	有無	a～e	—	a・c・e	有無	a～e	有無	有無	有無			各部材の損傷に関する特記事項
第3径間	主桁					e	①							ア～ケ	1～4	・桁、床版ともに細かいひびわれが多数あるが、鉄筋の腐食によるさび汁が見られる。 ・細かな鉄筋露出が散在する。 ・詳細調査等の必要性は認められない。 ・床版の鉄筋露出部に関して、コンクリート片の剥落の可能性があり、次回点検時にたたき点検することが望ましい。 ・排水ますが目詰まりしている（写真番号12）。
第3径間	横桁					e	—	c						ア～ケ	5,6	ゲルバー部の横桁下面に橋軸直角方向のひびわれ有
第3径間	床版							c	無	d				ア～ケ	7～9	
A1橋台	下部工					b	—	c			—		無		10	汚れは目立つものの全般的に健全である
A1橋台上	支承											無			11	土砂堆積有
第3径間	路面										無	—	—			路面の凹凸なし

次回点検の留意事項等
・ゲルバー部下面のひびわれ損傷が著しい第3径間を代表径間とする。
・流水部であるP6～P8径間も水位が低く点検できた。
・高水敷部は、梯子（高さ3m程度）があれば近接目視点検が可能である。ただし、桁下利用されている箇所があるので、梯子による点検にあたっては歩行者の誘導が必要である。
・橋脚上の支承は点検できなかった。梯子があれば近接目視点検が可能である。
・次回点検時には主桁及び床版のひびわれの進行状況を確認すること。

損傷位置例（上から見た図）

起点側	ア	エ	キ	終点側
	イ	オ	ク	
	ウ	カ	ケ	

点検径間情報
◎代表径間、○点検可
×点検不可、—別形式（対象外）

起点側 A1-P1-P2-P3(◎)-P4-P5-P6-P7-P8-A2 終点側

表3-11 香川県の点検記録様式（点検調書〔その4〕）

点検調書（その4） 損傷写真

橋梁名(カナ)	△△△△ハシ	橋梁番号	27**	事務所名	○○土木	路線番号	52**	台帳更新年月日	2007年7月24日
橋梁名(漢字)	○○橋	分割番号	1	所在地	○○市	路線名	○○線	前回点検年月日	記録なし
架設年次	昭和13	橋長	186.0	径間数	9	対象構造形式	RCT桁橋		
点検年月日	Friday, June 13, 2008	点検方法	職員	点検者	□□ ○○、▽▽ ◇◇				

現地状況写真

写真番号	9	損傷の種類	⑥鉄筋露出	写真番号	10	損傷の種類	⑤ひびわれ・漏水・遊離石灰
部材名	床版	損傷程度	c	部材名	橋台	損傷程度	b
メモ				メモ	パラペット前面		
径間番号・躯体番号	第3径間			径間番号・躯体番号	A1橋台		
損傷位置番号	カ			損傷位置番号	—		

写真番号	11	損傷の種類	⑪支承の機能障害	写真番号	12	損傷の種類	—
部材名	支承	損傷程度	無	部材名	排水ます	損傷程度	—
メモ				メモ	目詰まり有		
径間番号・躯体番号	A1橋台上			径間番号・躯体番号	—		
損傷位置番号	—			損傷位置番号	—		

— 41 —

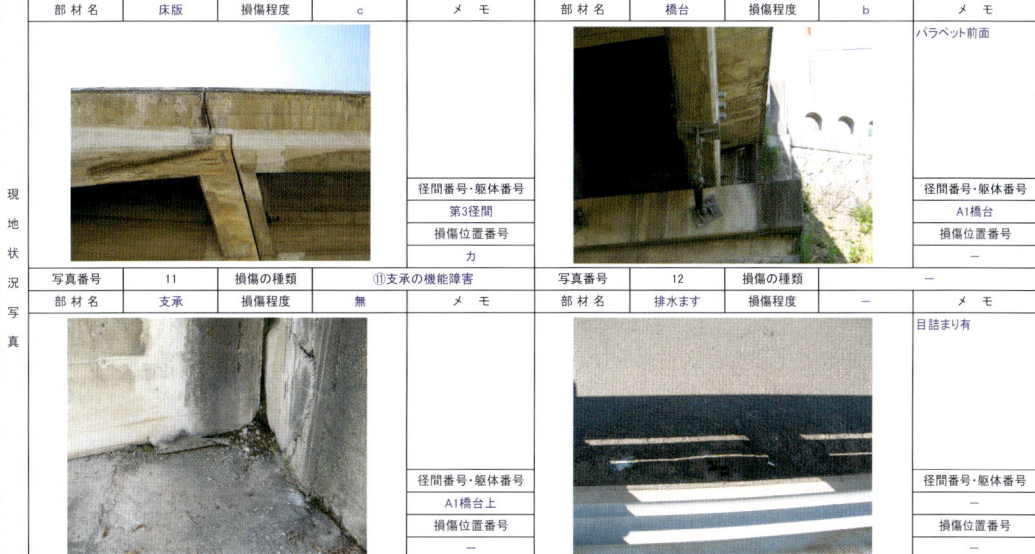

3.3 損傷の評価と判定

3.3.1 損傷の評価区分

香川県制定の『橋梁点検マニュアル（案）』では損傷の種類及び程度により2段階〜5段階で評価している。2段階での評価の場合、"有"と"無"で区分され、3段階以上の評価の場合、a〜eの英字記号で区分されている。ここでは、橋梁の代表的な損傷である①腐食、⑤ひび割れ・漏水・遊離石灰、⑥鉄筋露出、⑧床版ひび割れについての評価区分とその目安を［表3-12］〜［表3-15］に示す。その他の損傷における評価区分は、香川県制定の『橋梁点検マニュアル（案）』を参照されたい。

また、国土交通省制定の『橋梁定期点検要領（案）』においても2段階〜5段階に評価されているが、すべてa〜eの英字記号により区分されている。国土交通省における損傷の評価区分は、『橋梁定期点検要領（案）』を参照されたい。

3.3.2 損傷の判定区分

損傷評価に対する判定区分は、香川県制定の『橋梁点検要領（案）』によると、各損傷の評価区分が決まることにより、［表3-16］に示す3つの判定区分に自動的に分類されることとなる。つまり、後述の国土交通省の要領による評価から判定に至る橋梁検査員の総合的な技術的判断を省略し簡略化したものとなっている。各損傷の評価区分と判定区分の関係を［表3-17］に示す。この判定区分により、今後の維持管理等の対応が実施されることとなる。

国土交通省においては、［表3-18］に示す7つの判定区分に分類される。しかし、香川県の判定区分とは違い、損傷の評価区分が決定された後に、構造上の部材や損傷の種類等を総合的に判断し、橋梁検査員が判定区分を決定することとなる。詳細は、国土交通省制定の『橋梁定期点検要領（案）』を参照されたい。

表3-12 損傷の評価区分と損傷の目安（① 腐食）

鋼種	錆の有無	錆の深さ、状態	錆の広がり	評価区分
普通鋼材	なし	―	―	a
	あり	表面のみ	局部的	b
			広範囲	c
		板厚減少、鋼材表面の著しい膨張	局部的	d
			広範囲	e
耐候性鋼材	―	一様な錆が発生している	―	a
		うろこ状の錆が発生している	―	c
		層状剥離、板厚減少等が発生している	局部的	d
			広範囲	e

表3-13 損傷の評価区分と損傷の目安（⑤ ひび割れ・漏水・遊離石灰）

評価の目安				評価区分
ひび割れ			漏水・遊離石灰	
有無	位置	幅		
なし	—	—	—	a
あり	構造物に与える影響が大きいひび割れ	0.2mm 未満	有無を問わない	c
あり	構造物に与える影響が大きいひび割れ	0.2mm 以上	ひび割れのみ	c
あり	構造物に与える影響が大きいひび割れ	0.2mm 以上	漏水のみ	d
あり	構造物に与える影響が大きいひび割れ	0.2mm 以上	軽微な遊離石灰	d
あり	構造物に与える影響が大きいひび割れ	0.2mm 以上	著しい遊離石灰、錆汁	e
あり	上記以外	0.2mm 未満	有無を問わない	b
あり	上記以外	0.2mm 以上	ひび割れのみ	b
あり	上記以外	0.2mm 以上	漏水のみ	c
あり	上記以外	0.2mm 以上	軽微な遊離石灰	c
あり	上記以外	0.2mm 以上	著しい遊離石灰、錆汁	d

表3-14 損傷の評価区分と損傷の目安（⑥ 鉄筋露出）

評価の目安			評価区分
鉄筋腐食の有無	腐食の広がり	腐食の程度	
なし	—	—	a
あり	部分的	表面のみ	c
あり	部分的	鋼材断面の減少、鋼材の著しい膨張	c
あり	広範囲	表面のみ	c
あり	広範囲	鋼材断面の減少、鋼材の著しい膨張	e

表3-15 損傷の評価区分と損傷の目安（⑧ 床版ひび割れ）

評価の目安	概念図	評価区分
ひび割れは発生していないか、幅の小さい（0.2mm 未満）ひび割れで、ひび割れ間隔は1.0m程度と非常に離れている状態。漏水跡、遊離石灰は確認できない。		a
幅の小さい（0.2mm 未満）一方向のひび割れが主であり、ひび割れ間隔が0.5m程度と比較的大きい状態。漏水跡、遊離石灰は確認できない。		b
0.2mm 程度の格子状のひび割れが発生している状態で、漏水跡、遊離石灰は確認できない。または、一方向ひび割れであるが、漏水跡、遊離石灰が確認できる状態。		c
0.2mm 程度の格子状のひび割れが発生しており、漏水跡、遊離石灰が確認できる状態。または、0.2mm 以上のひび割れが目立ち、部分的な角落ちが見られるが、漏水跡、遊離石灰は確認できない状態。		d
連続的な角落ちが見られ、漏水跡、遊離石灰が確認できる状態。		e

注）ひび割れ幅の評価は、遠望から容易に分かるひび割れを0.2mm 以上のひび割れとする。

表3-16 判定区分の基準（香川県）

判定区分	内容
経過観察	損傷が認められないか、損傷が軽微で補修の必要性がない状態をいう。また、損傷があり補修等の必要があるが、直ちに補修等を行うほどの緊急性はなく、放置しても次回点検までに構造物の安全性が著しく損なわれることはないと判断できる状態。
詳細調査	詳細調査を実施して損傷原因を究明し、経過観察または補修等を判断する状態。
緊急対応	橋梁構造の安全性確保、安全・円滑な交通の確保、第三者への被害予防の観点から、適切な緊急対応を実施する必要があると判断される状態。

表3-18 判定区分の基準（国土交通省）

判定区分	判定の内容
A	損傷が認められないか、損傷が軽微で補修を行う必要がない。
B	状況に応じて補修を行う必要がある。
C	速やかに補修等を行う必要がある。
E1	橋梁構造の安全性の観点から、緊急対応の必要がある。
E2	その他、緊急対応の必要がある。
M	維持工事で対応する必要がある。
S	詳細調査の必要がある。

表3-17 損傷の評価と判定区分（香川県）

損傷種類	評価区分	判定区分
①腐食	a	経過観察
	b	経過観察
	c	経過観察
	d	詳細調査
	e	詳細調査
②亀裂	無	経過観察
	有	緊急対応
③ボルトの脱落	無	経過観察
	有	一群あたり本数の5％未満：詳細調査
		一群あたり本数の5％以上：緊急対応
④破断	無	経過観察
	有	緊急対応
⑤ひび割れ・漏水・遊離石灰	a, b, c, d, e	ひび割れ自体はほとんど害がなくても、水の浸透によってコンクリートが劣化し、鋼材の腐食を促進させることが有害となる。ひび割れはその規模では評価が難しく、外的な要因の影響が大きいため、香川県の要領では評価区分は示されていない。
⑥鉄筋露出	a	経過観察
	c	経過観察
	e	詳細調査
⑦抜け落ち	無	経過観察
	有	緊急対応
⑧床版ひび割れ	a	経過観察
	b	経過観察
	c	経過観察
	d	詳細調査
	e	詳細調査
⑨PC定着部の異常	無	経過観察
	有	緊急対応
⑩路面の凹凸	無	経過観察
	有	詳細調査
⑪支承の機能障害	無	経過観察
	有	詳細調査
⑫下部工の変状	無	経過観察
	有	詳細調査

3.4 詳細調査

3.4.1 調査目的と手順

詳細調査は、橋梁点検において経過観察とは判断できない損傷が発見された場合に実施されるものであり、補修・補強の必要性を判断するために行うものと位置づけられる。詳細調査を行うに当たっては、次のようなステップを踏んで行うのが望ましい。

① 損傷原因の推定と調査項目の選定

　原因推定は基本的に目視により行う。推定した原因に応じて調査項目を選定する。この段階で専門家による調査を行うことが最も効率的な調査につながる。

　劣化原因によって補修方法が異なってくる場合があるため、原因把握は非常に重要である。また、直接的な劣化事象だけでなく、間接的な要因（例えば漏水）についても把握しておくことが必要である。

② 現状把握と将来予測

　設定した項目の調査を実施し、損傷原因を特定するとともに将来の劣化予測を行い、補修の必要性、緊急性を判定する。顕著な劣化があったとしても、その劣化速度が非常に遅い、あるいは、現在は進行していないと評価した場合には、補修の必要性や優先順位は低いと判断することができるため、劣化（変化）速度の把握（予想）は非常に重要である。

3.4.2 コンクリート橋の調査項目

(1) 外観観察

ひび割れ、剥離・剥落、鉄筋露出など目視によるコンクリートの変状調査。調査目的に応じて、その精度は異なって良い。劣化原因調査では、ひび割れの発生パターンを把握することが重要であり、詳細なひび割れスケッチや数量を

表3-19 中性化深さ測定方法

試験法名称	試験方法等
①コア採取 （JIS A 1152）	割裂面にフェノールフタレインを噴霧し、赤紫色の変色箇所までの距離（深さ）を測定する。
②ドリル削孔粉 （NDIS3419）	フェノールフタレインを噴霧したろ紙にドリル削孔粉を落とし、変色し始める深さを測定する。

写真3-33　フェノールフタレインを噴霧したコア割裂面。白色部が中性化した部分。

写真3-34　フェノールフタレインを噴霧したろ紙上にドリル削孔粉を落下させ、色の変化で判定。

求める必要はない。補修の詳細設計を行うためであれば、補修対象となるひび割れの総延長など、細かなデータが必要となる。

(2) 中性化深さ

コンクリートコアを採取しその割裂面にフェノールフタレイン溶液を噴霧する方法が一般的であるが、近年はドリル削孔による手法を採用する場合が増加している。ドリル法はコンクリートに与えるダメージが少ないというメリットがある［表3-19］［写真3-33］［写真3-

コンクリートの中性化速度は下式で表されており、測定値と経過年数から係数Aを求めると、今後の中性化予測を行うことができる。

$$中性化深さ Y = A \times \sqrt{t}$$
A：係数
t：材齢（年）

(3) 塩分含有量

コンクリートコアを採取し含有塩分量を分析する。分析方法は JIS A 1107「硬化コンクリート中に含まれる塩化物イオンの試験方法」に規定されており、基本的にはこの方法で実施されている。塩分には全塩分と可溶性塩分の2種類あるが、一般に全塩分を用いて評価が行われている。

コンクリートコアを採取する方法に比べ簡易なものとしてドリル削孔によるコンクリート試料採取法があり、コンクリートに与えるダメージが少ないこと、コストが安いことから、その採用が増加している。

鉄筋付近の含有塩分量によって補修方法が異なってくるため、海岸からの距離が近い橋梁では調査が必須である。凍結防止剤が散布される橋梁も調査が必要である。また、内陸の橋梁であっても、除塩されていない海砂が使われている可能性がある場合には調査しておくことが望ましい。

表面からの深さ毎の塩分含有量を分析し、塩分の拡散係数を求めることで、将来の塩分浸透予測を行うことができる［図3-4］。維持管理計画を策定する場合には将来予測をしておくことが望ましい。

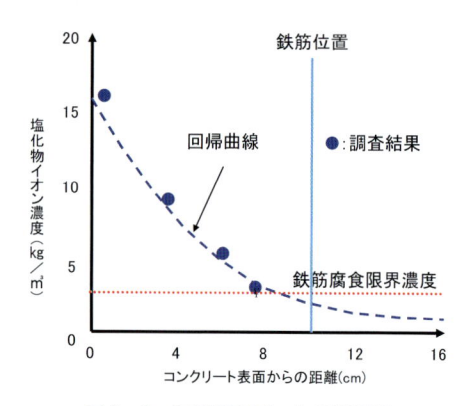

図3-4 塩分調査データの整理例
実測データから鉄筋位置での現状評価を行うだけでなく、拡散係数を求め将来予想を行う。

(4) コンクリート物性（圧縮強度、静弾性係数）

圧縮強度はコンクリートに要求されている最も基本的な性能であり、設計基準強度を満足している状態にあるかどうかの評価は非常に重要である。基本的にはコンクリートコアを採取して破壊試験により行う。反発硬度を測定し、圧縮強度を推定するという手法もあるが、得られた推定値の信頼性は高いとは言えないため、コア採取による方法が良い。

アルカリ骨材反応が進行したコンクリートでは圧縮強度の低下に比べ、静弾性係数の低下が著しいという特徴がある。アルカリ骨材反応の疑いがある場合には、静弾性係数の測定が必要である。香川県下ではアルカリ骨材反応の可能性が高いため、圧縮強度と静弾性係数はセットとして扱うことが望ましい。

(5) 鉄筋探査（配筋、位置、かぶり）

配筋調査方法としては、コンクリートをはつり出して直接鉄筋を観察する方法もあるが、近年は非破壊調査による手法が一般的である。鉄筋探査機器としてはレーダー法、電磁誘導法の2機種があるが、どちらを用いても良い。

コンクリートコアを採取する際にも、事前に鉄筋位置を探査しておくことが必要であり、非

破壊による鉄筋探査は必須項目とも言える。

(6) 鉄筋腐食

鉄筋腐食状況を把握するには、コンクリートをはつり取り直接観察する方法が最も一般的に行われている。非破壊手法として自然電位、あるいは分極抵抗の測定による腐食状況評価があるが、端子を取るために一部鉄筋を露出させなければならない。

(7) アルカリ骨材反応関連の試験

アルカリ骨材反応による劣化が疑われる場合には、[表3-20]に示すような試験を行い、劣化原因がアルカリ骨材反応によるものかどうか、また、その劣化程度の評価、さらには今後の劣化進行予測を行わねばならない。

実際の調査に当たっては、[表3-20]に示すすべての項目を実施しなければならない訳ではない。基本的に実施項目数が多いほど、判断・評価に対する信頼性が高くなるが、当然費用も高くなる。調査の目的、劣化の程度、構造物の重要性、予算などから総合的に判断し、最適な調査項目を選択することが望ましい。調査項目選択の考え方の例を[表3-21]に示した。

表3-20 アルカリ骨材反応関連試験項目一覧

試験項目	内容
構造物の外観調査	ひび割れ発生状況からASRの可能性の有無、部位による進行程度の違いを評価する。
コアの外観観察	骨材の劣化状況（ひび割れ、反応リムの有無）や、反応生成物析出状況を目視観察し、ASRの進行状況を評価する。
偏光顕微鏡観察	使用骨材（粗骨材、細骨材）の鉱物種同定、ASR反応性鉱物の有無を確認。コンクリート片から厚さ20μm程度の薄片を作製し、偏光顕微鏡を用いて観察するもので、専門家に依頼することが必要。
反応生成物分析	反応生成物の組成分析からASR進行の有無を評価する。ASRによる生成物の場合シリカ含有量が高いという特徴がある。分析方法としてはX線マイクロアナライザーによる方法が一般的。
コア物理試験	コンクリートの基本物性である圧縮強度と同時に静弾性係数を測定することでASRの進行程度を評価する。ASRが進行すると物性が低下するが、特に静弾性係数の低下が著しいことが知られている。
促進膨張試験	今後のASR進行程度を予測するための試験であり、補修・補強方法を検討する上では重要な項目。採取したコンクリートコアを促進条件（40℃、湿度95%以上）下で保存し、その膨張量から、コンクリートの残存膨張能力を評価する。試験期間が6ヶ月程度必要。

表3-21 ASR試験項目の選択基準（例）

目的	選択区分	構造物外観調査	コア外観観察	偏光顕微鏡観察	反応生成物分析	コア物理試験	促進膨張試験	備考
原因究明	最低限	○	○	−	−	−	−	おおよそ判断は可能。劣化程度が低い場合は判断できないことがある
	標準的	○	○	○	−	−	−	この3項目でアルカリ骨材反応の判断はほぼ可能
	望ましい	○	○	○	○	−	−	ほとんどの場合、この項目を行えば劣化原因を断定できる
補修検討	標準的	原因究明のための調査項目を選択したうえで、右の項目を追加				○	−	基本的項目であり、静弾性係数も含め必須
	望ましい					○	○	今後の劣化程度によって、補修方法の選定に影響を与える

3.4.3 鋼橋の調査項目

(1) 外観目視

塗装の塗替えを判断する場合には、外観目視により塗膜の劣化面積（錆面積）を調査する。減肉を伴うような腐食が進行している場合は、発生部位およびその範囲を調査する。また、腐食の発生原因を特定するために、周辺状況（特に伸縮装置）を詳細に観察する。

(2) 亀裂調査

目視調査で亀裂が疑われる場合には、塗膜を剥いで磁粉探傷試験を行い亀裂の有無を判断する。内部への亀裂の進展は、表面を切削して磁粉探傷試験を繰り返すか、状況によっては超音波探傷試験や放射線透過試験などを併用する。いずれの場合においても実績のある専門技術者による調査が必要である。

(3) 板厚測定

著しい腐食が進行している場合には、残存板厚を測定し、補強の必要性を評価する。超音波による方法と、マイクロメータなど挟み込む方法がある。いずれの場合も、生成している錆を十分に除去してから測定することが必要である。

(4) 錆厚測定

耐候性鋼の場合には、外観と錆の厚さから腐食速度の状態を評価することができる。錆厚は塗膜用の電磁膜厚計で測定されている。

3.5 補修・補強対策

3.5.1 補修・補強の考え方

橋梁を低コストで長期間維持していくためには、発見された損傷に対して適切なタイミングで補修を繰り返すことが重要であることは言うまでもない。国土交通省管理の主要道路橋は長期間その機能を維持することが前提となっているため、このような考え方が一般的となっている。しかし、地方自治体が管理する橋梁は様々なものがあり、すべての橋梁に同じ考え方を適用するには膨大なコストを伴うため、現在の財政事情から考えると事実上不可能と言える。橋梁毎に、その必要性（交通量、う回路の有無など）、重要度、期待する耐用年数などを総合的に勘案した維持管理方針を明確にしておくことが必要である。その方針に従って、現実的な補修・補強方法を選択（補修しないのも選択肢のひとつ）することが望ましい。

3.5.2 コンクリート橋の補修

コンクリート橋に現れている変状に対し、一般的に実施されている補修・補強方法の一覧を［表3-22］に、各補修・補強方法の概要を［表3-23］に示す。

補修工法で、電気防食や脱塩工法は特殊なものでありコストも高いため、特に重要な橋梁に対して行われており、まだまだ一般的に適用される工法ではない。一般的なコンクリート補修であるひび割れ補修、表面処理、断面修復は、古くから行われている工法であるが、新たな材料や施工方法が開発されてきている。実際に補修を行う際には、構造物毎に何が最も適切かを検討することが必要である。

塩害により劣化したコンクリートでは、部分的な断面修復を行った場合に補修部と未補修部の境界部分で再劣化する可能性がある。未補修部の鉄筋は腐食していない状態であったとしてもコンクリートに内在する塩分濃度が高い場合など、補修箇所と未補修箇所との間で電池形成による鉄筋腐食が進行することがある。このため、断面修復の範囲を決定するに当たっては、塩分濃度を含むコンクリートの状況、鉄筋の腐

食状況を考慮し、広めの範囲（部材単位が理想的）を設定することが必要である。

アルカリ骨材反応は香川県下で多く認められる事象であるが、残念ながら根本的な補修方法はない、というのが実状である。アルカリ骨材反応進行による構造物の耐荷力の低下はあまりない場合が多いことから、発生しているひび割れを起点とした鉄筋腐食を防止するという観点からのひび割れ補修、反応進行に必要な水の供給を抑制するという観点からの表面被覆を行うのが一般的となっている。

耐荷力の補強を目的として、鋼板や繊維シートを接着する工法が用いられてきたが、全面的な接着を行うと、その下層にあるコンクリート面に現れる新たな劣化症状（ひび割れなど）を確認することができないという欠点がある。例えば、床版下面に鋼板を接着した場合、路面からの漏水があると接着面で滞水、腐食が進行し、最終的には鋼板全体が落下するという危険性がある。このため、現在では全面的なシートや鋼板の接着は避ける方向にあり、繊維シートでは若干の隙間をあけて格子状に張るという工夫が行われている。

3.5.3　鋼橋の補修

鋼橋の主な補修対策の一覧を［表3-24］に示す。腐食以外の劣化事象は香川県下での事例は少なく、亀裂や破断などの事象が見られた場合には、直ちに専門家に相談するのが良い。

鋼材の腐食は必ず進行するものであり、塗装

表3-22　コンクリート変状に適用する工法一覧

工法			ひび割れ	断面欠損	剥離・鉄筋露出	中性化	塩害	アルカリ骨材反応	耐荷性能不足
補修工法	ひび割れ補修	表面塗布	○				○	○	
		注入	○						
		充填	○						
		含浸材塗布	○			○			
	表面被覆				○	○	○	○	
	断面修復			○	○	○	○		
	電気防食						○		
	脱塩工法						○		
補強工法	プレストレス導入								○
	連続繊維シート接着								○
	鋼板接着								○
	増厚								○

表3-23 コンクリート補修・補強工法一覧

対策工法		概　要
補修工法	ひび割れ補修	コンクリートに生じたひび割れを閉塞させ、劣化因子が内部に供給されることを防止する。 ・ひび割れ幅の程度により、表面塗布、注入、充填、含浸材塗布を使い分ける。 ・材料は無機系と有機系に大別され、適切に選定することが必要。 ・アルカリ骨材反応など、ひび割れ幅が変化する恐れがある場合には、弾性系の材料を用いる。
補修工法	表面被覆	コンクリート表面を被覆材で覆い、劣化因子とコンクリートの接触を遮断する。 ・塗装材は無機系と有機系に大別され、適切に選定することが必要。 ・ひび割れ補修、断面修復と併用するのが一般的。 ・アルカリ骨材反応による膨張の可能性がある場合は、伸びに追随できる材料を用いる。
補修工法	断面修復	コンクリートが剥落した、あるいは劣化部を除去した断面欠損部を修復材で復旧し、機能を元の状態に回復させる。 ・断面修復材は施工規模に応じた材料を選定することが必要。 ・施工方法は使用材料に応じた方法を選定する。 ・断面修復端部は適切な形状に整える。
補修工法	電気防食	コンクリートの表面近傍に陽極材を設置し、鉄筋に防食電流を流すことで、鉄筋の腐食進行を防ぐ。 ・供用期間中、電流を流し続けることが必要。 ・電源装置等の定期的な維持管理が必要。 ・初期コストは高いが、防食効果が最も期待できる。
補修工法	脱　塩	コンクリート表面に仮設陽極を設置し、通電によりコンクリート中の塩化物イオンを低減させ、鉄筋腐食の開始を抑制する。 ・脱塩処理後には表面被覆が必要。 ・特殊な工法であり、一般的に適用されるものではない。
補強工法	プレストレス導入工法	既設部材の外側にPC鋼材を追加配置し所要のプレストレス量を導入し、部材に生じる応力を改善する。 ・PC鋼の定着部や偏向部の設計は適切な手段で実施。 ・外ケーブルや定着体には防錆処理が必要。
補強工法	連続繊維シート接着	繊維シートをエポキシ樹脂等でコンクリートに接着し、曲げ耐力を増加させる。また、ひび割れ発生の防止に効果がある。 ・軽量で作業が容易だが、低温時（冬季）の施工は好ましくない。 ・部材下面への適用では、上面からの浸透水対策が必要。 ・施工方法によっては、コンクリート表面の変状が確認できない場合がある。
補強工法	鋼板接着	鋼板をアンカーボルト等で固定し、コンクリートとの隙間に接着材を注入する。曲げだけでなくせん断力に対しても補強効果がある。 ・鋼板の防食が必要。 ・部材下面への適用では、上面からの浸透水対策が必要。 ・施工方法によっては、コンクリート表面の変状が確認できない場合がある。
補強工法	上面増厚	部材上面に補強鉄筋を配置して鋼繊維補強コンクリートを打設し、曲げ耐力を増加させる。せん断力に対しても補強効果がある。 ・交通規制が必要となる。 ・新旧コンクリートの一体化がポイントとなる。 ・長期的な耐久性に対しては留意が必要。
補強工法	下面増厚	部材下面に引張り補強材（鉄筋、FRP等）を配置してポリマーセメントモルタルを吹き付け、曲げ耐力を増加させる。 ・新旧コンクリートの一体化はポリマーセメントモルタルの付着力に対する依存度が高い。 ・上向き作業となるため、入念な施工が必要。

表3-24 鋼橋の主な補修対策一覧

劣化事象	対策	概要
亀裂	補修溶接	亀裂部を再溶接して補修する。疲労強度を向上させるような溶接の種類や処理を行う。
	ストップホール	亀裂先端に孔をあけ、進展を防ぐ。一般に他の補修工法と併用する。
	あて板補強	亀裂発生箇所の応力集中を抑えるため、補強板を高力ボルト等で接合して補強する。
	構造改良	構造的欠陥を改良する目的で、接合形状等を変更する。
ボルトの脱落	ボルト交換	可能な箇所は高力ボルトの取り替えを原則とする。
	落下防止	継ぎ手の安全性を確認のうえ、第三者被害を防ぐための防護ネットを設置する。
破断	あて板補強	破断箇所に孔をあけ、あて板を取り付ける。
腐食	塗装	十分に錆を除去したうえで塗装する。既設の塗装系と同じものを用いることが基本だが、塗装間隔を広げたい場合や、再劣化の可能性が高い部位などでは、より防錆機能に優れた塗装系を選定する。
	あて板補強	断面欠損を伴う腐食が進行し、強度上の弱点となる箇所には、あて板による補強を行うのが一般的である。
	漏水・滞水対策	湿潤環境を生み出す要因を排除することが防食対策として最も重要。漏水・滞水原因を把握し、可能な限り排除する。

さえしておけば良いと安易に考えがちであるが、対応を誤ると逆に著しい腐食を招くことがあるので注意が必要である。下地処理が不十分な状態（錆が残っている状態）で塗装を行うと、局部的な電池が形成され、その部分の腐食が極端に進行する場合があり、貫通に至ることもある。また、塗装だけでなく、腐食を進行させた原因を推定し、出来る限り排除しなければならない［写真3-35］。

参考文献
1）国総研資料　第381号：道路橋の健全度に関する基礎的調査に関する研究－道路橋に関する基礎データ収集要領（案）、平成19年4月
2）香川県：橋梁定期点検要領（案）、平成21年5月
3）三浦、七宮、前川：香川県下のアルカリ骨材反応事例、土木学会四国支部第15回技術研究発表会講演概要集、pp 277～278、平成21年5月

写真3-35　膜下での著しい腐食

第4章 損傷事例報告

4.1 損傷事例のとりまとめ内容

4.1.1 研修対象橋梁の決定

「実践的橋梁維持管理講座」では参加市町が担当する現地研修を隔月に実施している。現地研修で対象とする橋梁は、損傷原因が偏ることなく、また損傷が進行している橋梁を事前調査で抽出し、現地調査を経て最終的に決定している。また、木橋などの特殊な橋梁についても研修対象に加えている。担当する市町の道路管理者が研修対象橋梁としてあらかじめ5～10橋程度提案し、その中から3橋を選んで現地研修対象に決定しているため、橋梁種別や損傷原因、損傷程度が多岐に渡る橋梁を対象とした効果的な研修が可能となった。

本章では、全9回の現地研修で対象とした26橋に対する損傷事例を示すとともに、現地研修対象橋梁ではないが読者の役に立つと思われる橋梁8橋についても併せて報告する。また、損傷原因毎に整理して、同一橋梁の同一箇所を対象とした時間の経過（4年間程度）に伴う損傷状況の変化についても示す。

4.1.2 損傷事例のとりまとめ方法

本講座における現地研修は、橋梁点検ではなく橋梁の損傷調査と解釈できる。また橋全般を見ているわけではなく、橋の主構造の代表的な損傷についてのみ調査したものである。そのため、損傷事例は、調査した範囲で主要な損傷を取り上げて各々コメントするまとめ方とした。損傷事例は1橋について2ページとして、最初のページに①橋名、②上部工形式、③下部工形式、④竣工年、⑤管理者、⑥調査日、⑦橋梁一般図などの基本データの他に、⑧損傷着目事項、⑨損傷状況、⑩対策レベル、⑪補修補強対策へのコメント、⑫今後の維持管理に向けて、などを記載した。2ページ目には、主な損傷状況写真とそれに対するコメントを掲載した。したがって、この損傷事例からは橋全体の修繕優先度を他の橋と比較するなどの議論はできない。

4.1.3 対策レベルの提案

現地研修で損傷状況を把握できると、引き続いて対策検討が必要となる。ここでは、国土交通省と香川県における損傷度の評価と対策について示し、次に本講座活動で得られた知見を踏まえて、市町村が管理する橋を対象とした「対策レベル」を提案する。

国土交通省が管理する橋梁では、点検結果を受けて以下の対策診断を行っている[1]。

- A　損傷が認められないか、損傷が軽微で補修を行う必要がない
- B　状況に応じて補修を行う必要がある
- C　速やかに補修等を行う必要がある
- E1　橋梁構造の安全性の観点から、緊急対応の必要がある
- E2　その他、緊急対応の必要がある
- M　日常の維持管理で対応する
- S　詳細調査の必要がある

この診断は構造部材ごとに行われるものであり、橋全体を見て、他の橋と比較した修繕優先度の考え方は公表されていない。

香川県の橋梁維持管理では、部材毎の損傷度の評価を、a～eの5段階評価で行っている[表4-1]。また橋全体としての修繕優先度評価は、部材の損傷度を総合評価し、さらに橋の重要度を組み合わせて採点する手法を採っている。

表4-1　橋梁の損傷度の評価（香川県）

損傷度	損傷度の内容	今後の対応
a	健全	次回点検
b	ほぼ健全	一部予防保全開始
c	劣化が進みつつある	予防保全開始
d	劣化損傷　中	修繕を実施
e	劣化損傷　大	修繕を実施

本事例報告では、調査した橋梁全体を比較して損傷の深刻度を比較して示すことがよいと考え、「対策レベル」という新しい指標を採用した。この指標は、あくまで感覚的なもので定量的な根拠あるものではない。そこで、対策レベルを決める根拠とした理由をそれぞれの橋について補足説明している。

対策レベルAは、「点検を継続しながら、対策方針を検討するのがよい」とした。補修に値する損傷はあるが進行性の損傷ではなく、他の工事と抱き合わせで対策するレベルと解釈している。

対策レベルBは、「状況を継続観察し、数年以内に対策を決めるのがよい」とした。このレベルの損傷は、放置できない損傷はあるものの、急ぎ対策するよりも状況をよく観察して対策した方が効率的な補修ができるレベルという解釈である。ただし、時間的には放置できないので数年以内という目安は示している。

対策レベルCは、「早期（1～2年以内）に対策する必要がある」とした。国土交通省の診

断におけるC（速やかに補修等を行う必要がある）とほぼ対応する。

対策レベルEは、「通行規制を行い、急ぎ対策する必要がある」とした。国土交通省の診断におけるE1（橋梁構造の安全性の観点から、緊急対応の必要がある）ほどの緊急性はないが、それに準じる。今回提案した対策レベルを国土交通省の診断と比較して［表4-2］に示す。

4.2 損傷事例

ここでは、実践的橋梁維持管理講座の現地研修で対象とした26橋と講座対象外の香川県内市町が管理する橋梁8橋について損傷事例を以下にまとめる。講座対象外橋梁については、主な損傷についてのみ示している。掲載した全34橋を損傷原因別に整理して［表4-3］に示す。

表4-2 提案した対策レベルの位置付け

	今回提案の対策レベル	国土交通省定期点検の診断指標
A	点検を継続しながら、対策方針を検討するのがよい	A
B	状況を継続観察し、数年以内に対策を決めるのがよい	B、C、S
C	早期（1～2年以内）に対策する必要がある	C
E	通行規制を行い、急ぎ対策する必要がある	E1、S

※ 次頁からの損傷事例の対策レベルは［表4-2］に対応する。

表4-3 損傷着目事項別の橋梁一覧

損傷事項	橋梁名（対策レベル）		
鋼橋の塗装劣化	1．長田橋（B）	2．高橋（C）	3．琴弾歩道橋（B）
	4．千光寺橋（B）	5．府中湖大橋（A）	6．川尻橋（B）
	7．百年橋（B）	講座対象外橋梁4（C）	
漏水、中性化等によるコンクリートの劣化	8．天神橋（C）	9．津田川橋（B）	講座対象外橋梁1（E）
	12．土器川橋（C）	13．祇園橋（B）	14．雲井橋（B）
	15．城渡橋（C）	講座対象外橋梁6（E）	
塩害によるコンクリート橋上下部工の劣化	10．観音寺極楽橋（E）	11．御幸橋（C）	講座対象外橋梁2（E）
	講座対象外橋梁3（C）		
アルカリ骨材反応（ASR）によるコンクリート橋の劣化	16．塩屋天神陸橋（B）	17．挿頭橋（C）	18．屋島大橋（B）
	19．大的場跨線橋（B）	20．音川橋（B）	講座対象外橋梁7（B）
プレテン桁のひび割れ	21．中央橋（B）		
遊間異常	22．綾上橋（B）		
橋台のひび割れ	講座対象外橋梁5（B）		
支承下部コンクリートの剥離と支承の沈下	講座対象外橋梁8（C）		
橋の通り線形の異常	23．財田橋（B）		
木製主桁・木製床版の腐朽劣化	24．三ノ瀬橋（E）	25．赤岡橋（E）	26．森広橋（E）

損傷事例 ❶

橋　名	長田橋（ながたばし）
上部工	鋼合成桁橋（9径間）
下部工	逆T式橋台、3柱式橋脚
竣　工	昭和50年12月
管理者	綾川町
調査日	平成21年2月6日
備　考	

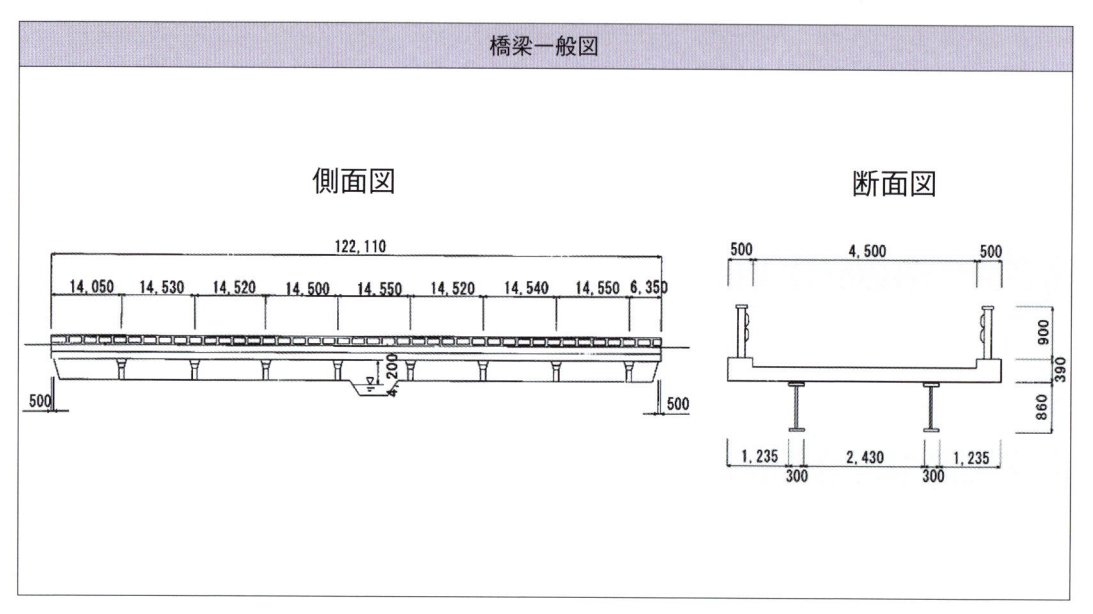

橋梁一般図

側面図

122,110
14,050 / 14,530 / 14,520 / 14,500 / 14,550 / 14,520 / 14,540 / 14,550 / 6,350
200
500　500

断面図

500　4,500　500
900
390
860
1,235　2,430　1,235
300　　　　300

損傷着目事項	鋼橋の塗装劣化
損傷状況	桁の塗膜が損傷し、至る所で下地が露出している。塗替えが必要な状況である。
対策レベル	B　状況を継続観察し、数年以内に対策を決めるのがよい
対策レベルの説明	既に下地の腐食は始まってしまっている。ただし急激に腐食進行する状況ではない。
補修補強対策へのコメント	塗装の長期耐久性を期待する場合、「鋼道路橋塗装・防食便覧」では、下地処理1種ケレン（ブラスト）が必要とされている。下地まで腐食が始まっている状況では3種ケレンでは塗替塗装は長持ちしない。1種ケレン（ブラスト）か2種ケレン（電動サンダー）か、ライフサイクルコスト（LCC）比較に立って塗装仕様を検討する必要がある。
今後の維持管理に向けて	多径間単純桁で桁掛かり長も短く、地震時の落橋防止、耐震補強も検討したい。

損傷状況	コメント
	鋼桁の塗装劣化
	塗膜が損傷してほとんど剥がれている状況で、腐食して下地が露出している。
	鋼桁の塗装劣化
	主桁、横桁とも母材の腐食が始まっている。床版はひび割れも少なく、ところどころ遊離石灰が見られるものの比較的健全である。
	橋脚の状況
	場所打ちのRCラーメン式橋脚である。目立った損傷は無い。
	補強された橋脚
	橋脚が洪水時に損傷を受けた様子で、RC巻き立てで補強されている箇所がある。

損傷事例 ❷

橋　名	高橋（たかばし）
上部工	鋼H桁橋（4径間）
下部工	重力式橋台、2柱式橋脚
竣　工	昭和43年3月
管理者	高松市
調査日	平成21年4月24日
備　考	河口に位置する。経時変化事例3も参照

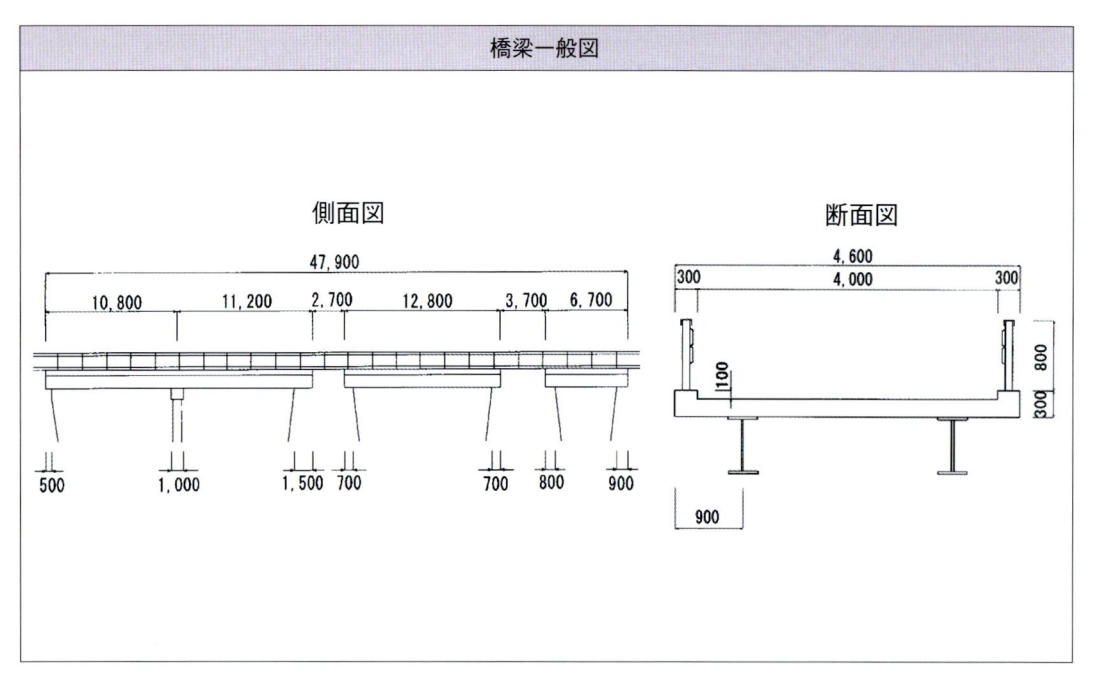

橋梁一般図

側面図　　　　　　　　　断面図

損傷着目事項	鋼桁、支承の腐食
損傷状況	主桁の塗装が全面的に剥げて腐食している。支承部分は板厚減少となる激しい腐食となっている。
対策レベル	C　　早期（1～2年以内）に対策する必要がある
対策レベルの説明	支承の腐食損傷は交通機能障害を招く恐れがある。
補修補強対策へのコメント	桁の再塗装のためには、塗装費用のライフサイクルコスト（LCC）比較の観点に立って、1種ケレン（ブラスト）か2種ケレン（電動サンダー）を検討する。支承部分は当て板補強を行うか、部分更新するか腐食量調査によって決定する。
今後の維持管理に向けて	塩害を受けやすい環境にあり、コンクリート床版も調査を行い、早めの補修を行いたい。

損傷状況	コメント
	**主桁の腐食**
	桁の腐食は全面的であるが、支承部を除いて平均的に進行している。腐食減肉量を計測して補修だけでなく、補強の必要性までの診断が必要である。
	**支承の腐食**
	左岸側橋台の支承部分は局所的に激しく腐食し、板厚減少量が大きい。この原因は明確ではないが、伸縮装置からの漏水の影響が考えられる。急ぎ補修ないし更新が必要な状況である（経時変化事例3も参照）。
	**橋面の状況**
	桁端部に伸縮装置はなく、シール材が抜け落ちている。舗装に痛みが生じており、状況観察が必要となっている。
	**張出し床版部のかぶり剥落**
	雨水の回り込みの影響と推定される遊離石灰が出ており、かぶり不足の鉄筋が腐食し剥落が生じている。新たな水切りを設けるなど対策をとったうえで、コンクリートのうき・剥落部分の補修が必要である。

損傷事例 3

橋　名	琴弾歩道橋（ことびきほどうきょう）
上部工	鋼H桁橋（9径間）
下部工	重力式橋台、2柱式橋脚
竣　工	昭和52年
管理者	観音寺市
調査日	平成21年6月26日
備　考	歩道橋

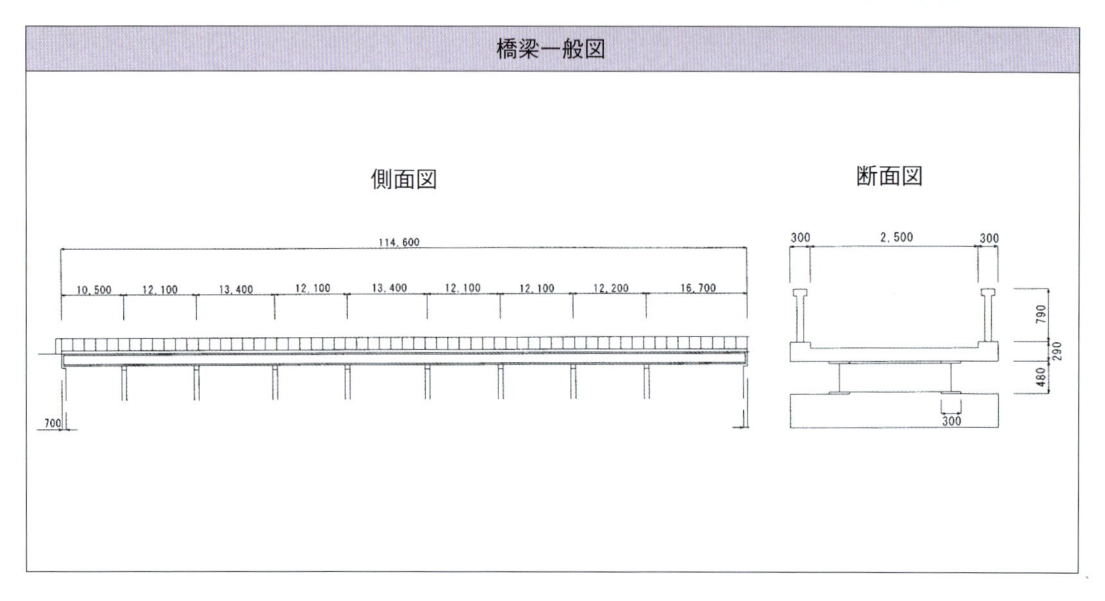

橋梁一般図

側面図　　　　　　　　　　断面図

損傷着目事項	主桁、高欄の腐食
損傷状況	本橋梁は河口部に位置し、飛来塩分の影響を大きく受ける環境にある。主桁全体の塗装劣化と端部の部分的な著しい腐食が発生している。主桁ウェブを貫通した腐食も発生している。
対策レベル	B　　状況を継続観察し、数年以内に対策を決めるのがよい
対策レベルの説明	主桁は損傷を受けているものの、歩道橋であり大きな荷重は生じない。よって、早急な補修の必要性は高くないが、今後、詳細な調査を実施し対策方法を検討することが適当である。
補修補強対策へのコメント	本橋梁は河口部に位置し、飛来塩分の影響により局部的な腐食が発生している可能性がある。よって、詳細な調査を実施し橋梁全体の損傷を把握する必要がある。また、鋼製高欄の付根部において、異種金属接触によると推測される激しい腐食が発生している。通行者の安全面からの対策が必要である。
今後の維持管理に向けて	詳細な調査を実施し、内桁や床版の状況を把握することが重要である。その調査結果から今後の対応を検討する必要がある。

● 第4章 ● 損傷事例報告

損傷状況	コ　メ　ン　ト
	**主桁端部において激しく腐食** 主桁端部において、部分的に激しく腐食している。ウェブと下フランジの付根部に貫通腐食が確認できる。内桁側からの腐食進行が著しいことが推定される。
	**海側の腐食した排水管** 海側の鋼製排水管が激しく腐食し、それにより破損し短くなっている。
	**高欄腐食による地覆のひび割れ** 高欄根入れ部が腐食し、地覆にひび割れが発生しているものと推定される。
	**高欄付根部における腐食** 高欄付根部において、鉄筋と高欄（アルミ合金）の異種金属接触によると推定される腐食が発生している。腐食が部分的に高欄支柱を貫通している。

損傷事例 ❹

橋　名	千光寺橋（せんこうじばし）
上部工	鋼H桁橋（5径間）
下部工	逆T式橋台（推測）、壁式橋脚
竣　工	昭和46年3月
管理者	東かがわ市
調査日	平成21年8月24日
備　考	小学校の通学路に位置する。

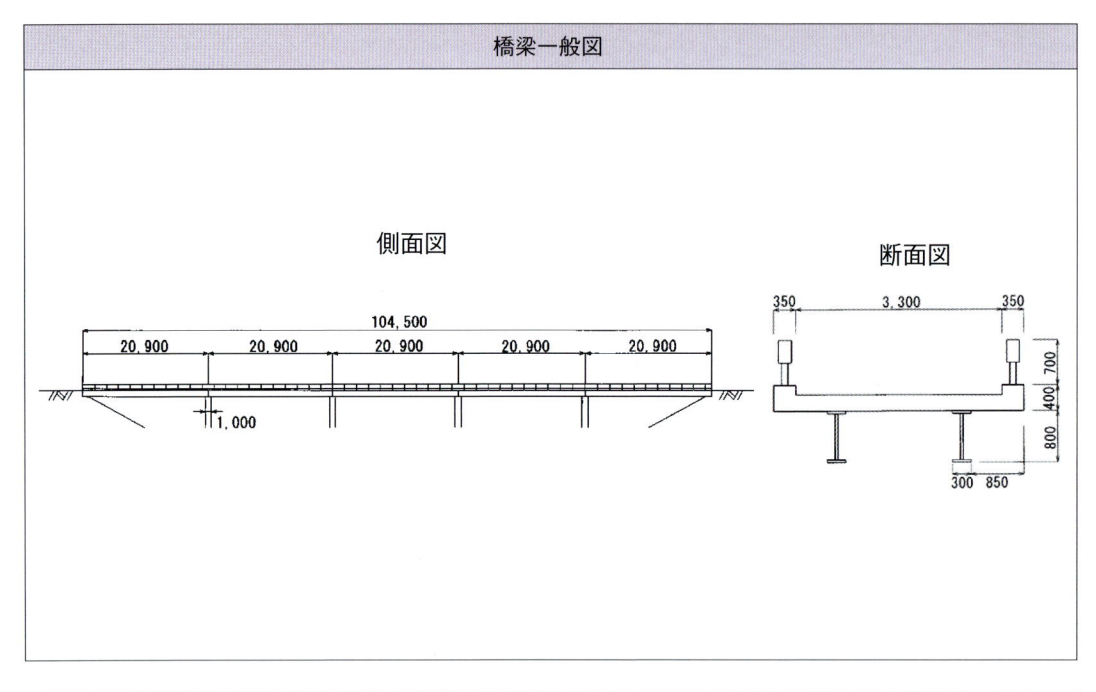

橋梁一般図

側面図　　　　　　　断面図

損傷着目事項	鋼橋の塗装劣化、腐食
損傷状況	塗装の痛みが見られるが、コンクリート床版は健全である。左岸側橋台の支承に腐食が見られ、その上部の伸縮装置部にわだち掘れがある。
対策レベル	B　状況を継続観察し、数年以内に対策を決めるのがよい
対策レベルの説明	桁の再塗装、伸縮装置のわだち掘れ補修（更新）が必要な状況である。
補修補強対策へのコメント	支承の腐食は伸縮装置を止水性あるものに更新した後、ケレンして重防食塗装することがよい。桁の再塗装は今後の期待耐用年数を踏まえてLCC比較を行い、3種ケレンとするか、1種ケレン（ブラスト）、2種ケレン（電動サンダー）とするか決めるとよい。
今後の維持管理に向けて	自動車通行は少ないので、通学路として人道橋とするなど今後の利用計画に立って、補修時期・対策を検討したい。

損傷状況	コメント
	鋼桁の塗装劣化
	塗膜が劣化し、部分的に下地が腐食して見えており、塗替えが必要な状況である。床版は健全である。
	橋面の状況
	舗装（コンクリート）の痛みは少ない。高欄の塗装が傷んでいる。高欄には通学路らしく絵が描かれている。
	支承部分の状況
	左岸側の橋台の台座に伸縮装置からの漏水のためと推定される土砂が堆積している。そのため雑草が生え湿潤環境となっており、支承の腐食が進行している。
	左岸側橋台の伸縮装置の損傷
	明確な因果関係は認められないが、支承に腐食が進行していると、その上部の伸縮装置に段差などの損傷が認められることが多い。この橋の場合、支承位置でわだち掘れが生じている（右岸側支承は腐食しておらず、わだち掘れもない）。

損傷事例 5

橋　名	府中湖大橋（ふちゅうこおおはし）
上部工	鋼アーチ橋（ニールセン）
下部工	逆T式橋台
竣　工	平成5年
管理者	坂出市
調査日	平成21年10月30日
備　考	

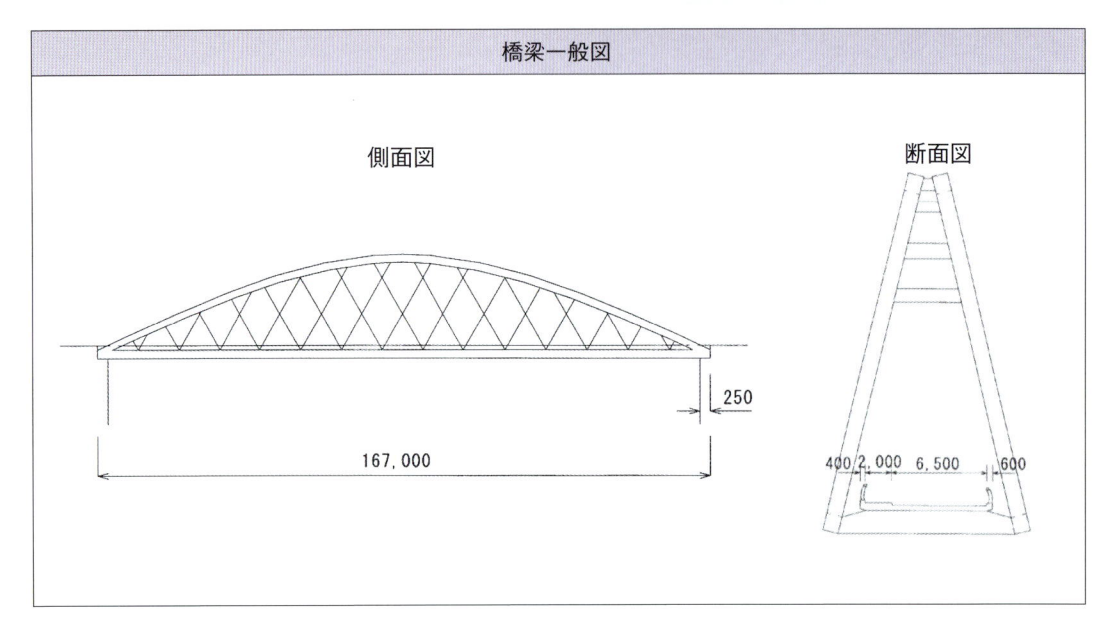

橋梁一般図

側面図　　167,000　　250

断面図　　400　2,000　6,500　600

損傷着目事項	上部工鋼部材の塗装劣化
損傷状況	鋼部材の塗装劣化が見られる程度であり、大きな損傷は見られない。
対策レベル	A　　点検を継続しながら、対策方針を検討するのがよい
対策レベルの説明	鋼部材の塗装劣化が発生している程度であり、今後の継続的な点検により、再塗装時期等を検討することが適切である。
補修補強対策へのコメント	本橋梁は橋長が167mのアーチ橋である。鋼部材の塗装が劣化している程度の損傷のみである。よって、定期的な点検を行い、今後の再塗装時期を検討することが適切である。
また、歩道舗装面に横断方向のひび割れが多数発生している。マウンドアップ形式の歩道のために橋梁の振動相違によるものと推測される。よって、フラット形式に改良する検討も必要である。
今後の維持管理に向けて	現段階での大きな損傷は見られない。よって、今後定期的な点検と計画的な長寿命化に向けた対策が重要である。

● 第 4 章 ● 損傷事例報告

損傷状況	コメント
	鋼部材に部分的な塗装劣化
	下フランジ（主に端部）や補剛材など、一部に塗装劣化が発生している。
	アーチ部材の現場塗装部の劣化
	アーチ部材の継手部の塗装劣化が発生している。現場塗装したと想定できる部分の劣化が激しい。
	歩道舗装の横断方向のひび割れ
	歩道舗装のみに横断方向のひび割れが発生している。マウンドアップ形式の歩道のため、床版とのたわみや振動の相違により発生したものと推測される。
	橋台のひび割れ
	橋台躯体の端部付近にひび割れが多く発生している。コンクリート面は被覆されており、ASRによるひび割れの可能性もある。

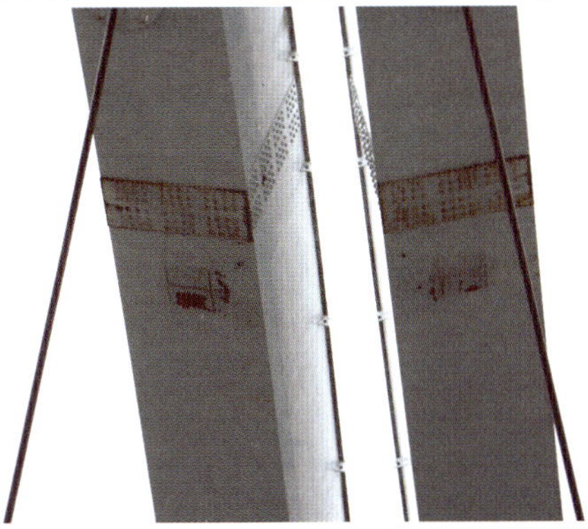

65

損傷事例 6

橋　名	川尻橋（かわじりばし）
上部工	鋼I桁橋（5径間）
下部工	重力式橋台、壁式橋脚
竣　工	昭和35年
管理者	坂出市
調査日	平成21年10月30日
備　考	

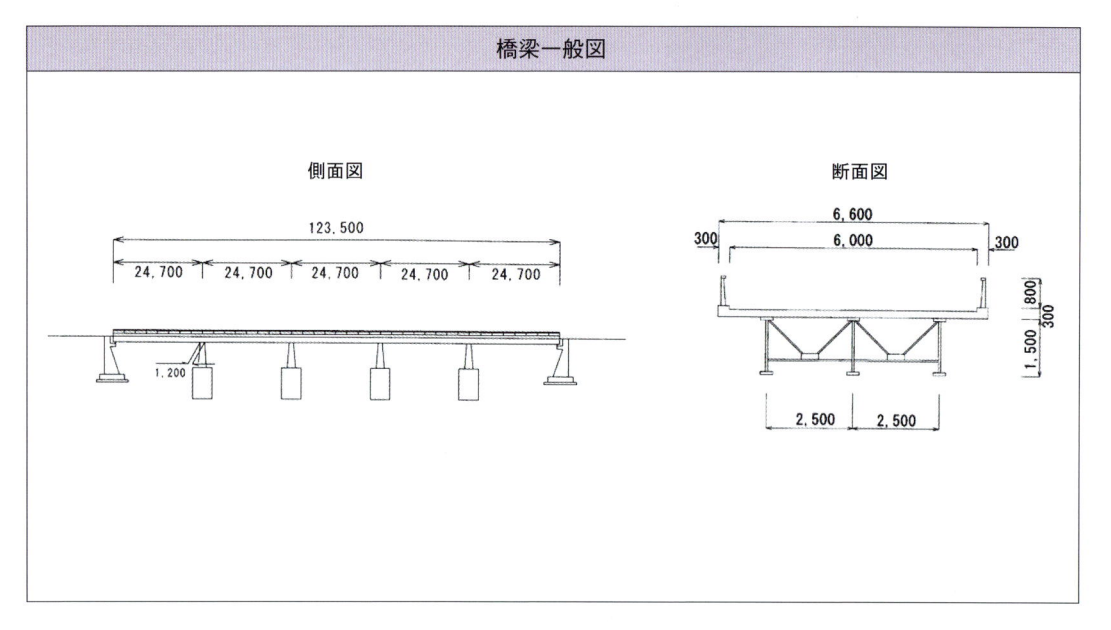

橋梁一般図

側面図　　　　　　　　　　　　断面図

損傷着目事項	主桁の塗装劣化
損傷状況	主桁全体に塗装劣化が発生している。塗膜のうきやひび割れを確認できるが、著しい腐食は確認できない。
対策レベル	B　　状況を継続観察し、数年以内に対策を決めるのがよい
対策レベルの説明	主桁全体に塗装劣化が見られるが、激しく腐食している部分は見られない。よって、早急な対策は必要ないが、数年内には何らかの対策は必要である。
補修補強対策へのコメント	主桁の塗装が全体的に劣化している。また、部分的に激しく腐食している部分もなく、早急な対策は必要ない。しかし、今後の再塗装時期等を含めた対策を検討する必要がある。また、コンクリート高欄は補修した形跡があるが、ひび割れが多く発生している。よって、鋼製高欄への取替えも含めた対策検討が必要である。
今後の維持管理に向けて	主桁母材は比較的健全であると推測される。よって、今後定期的な点検と計画的な補修により長寿命化が可能になる。

●第4章● 損傷事例報告

損傷状況	コ メ ン ト
	主桁の腐食状況
	主桁は全体的に塗装劣化及び腐食が発生している。
	主桁下フランジの塗膜のうき
	主桁全体に塗膜の劣化が生じている。また、下フランジには塗膜のうきが確認できる。
	主桁ウェブの塗膜のひび割れ
	主桁ウェブに塗膜のひび割れが見られる。部分的に塗膜が剥がれ、錆も見える。
	コンクリート高欄のひび割れ
	過去に補修した形跡のあるコンクリート高欄であるが、再度ひび割れが発生している。また、仕上げモルタルのうきも認められる。

損傷事例 7

橋　名	百年橋（ひゃくねんばし）
上部工	鋼I桁橋（2径間）
下部工	半重力式橋台、T形橋脚
竣　工	昭和43年
管理者	さぬき市
調査日	平成22年2月26日
備　考	側道橋が併設されている

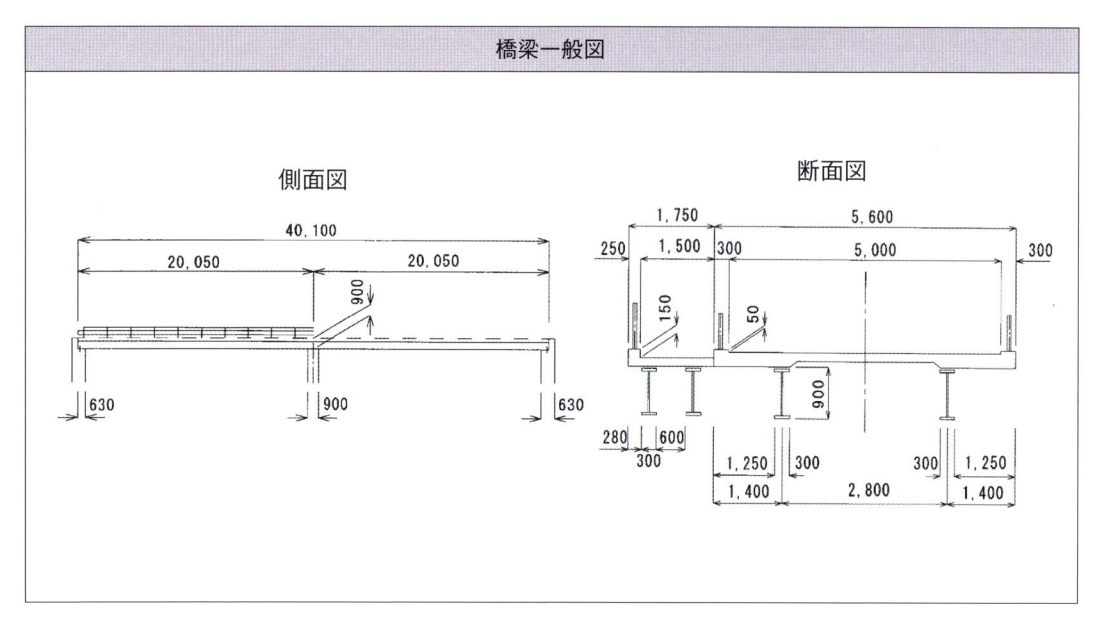

橋梁一般図

側面図

断面図

損傷着目事項	鋼橋の主桁、支承部の塗装劣化
損傷状況	桁の塗装が全面的に劣化して、下地の腐食が始まっている。支承は土砂堆積があり腐食が進行している。
対策レベル	B　状況を継続観察し、数年以内に対策を決めるのがよい
対策レベルの説明	既に下地の腐食は始まっている。桁部分は急激に腐食進行する状況ではないが、支承は土砂を取り除かないと腐食の進行が速いと予想する。
補修補強対策へのコメント	塗装の長期耐久性を期待する場合、「鋼道路橋塗装・防食便覧」では、下地処理1種ケレン（ブラスト）が必要とされている。下地まで腐食が始まっている状況では3種ケレンでは塗替え塗装は長持ちしない。1種ケレン（ブラスト）か2種ケレン（電動サンダー）か、ライフサイクルコスト（LCC）比較に立って塗装仕様を検討する必要がある。
今後の維持管理に向けて	今後の期待耐用年数を考慮して防食対策を決めたほうがよい。支承の防食対策は急がれる。

損傷状況	コメント
	鋼桁の塗装劣化
	昭和43年架設以来塗替えが実施されておらず、塗膜がはがれ母材が見えている。
	支承部の土砂堆積状況
	伸縮装置部分から落ちた土砂が堆積し、湿潤状態で支承が腐食している。固結して既に可動支承としての機能は失われているようである。
	張出し床版部のひび割れと遊離石灰
	橋軸直角方向に入ったひび割れから遊離石灰が垂れ下がっている。左に見えるのは、鋼製デッキプレートを床版とする側道橋である。
	橋面の状況
	伸縮装置はなく、伸縮部目地にひび割れが入って縦断方向に微妙に折れ角が付いている。

損傷事例 8

橋　名	天神橋（てんじんばし）
上部工	PCプレテンⅠ桁橋（7径間）
下部工	逆T式橋台、3柱式橋脚
竣　工	昭和41年10月
管理者	綾川町
調査日	平成21年2月6日
備　考	経時変化事例9も参照

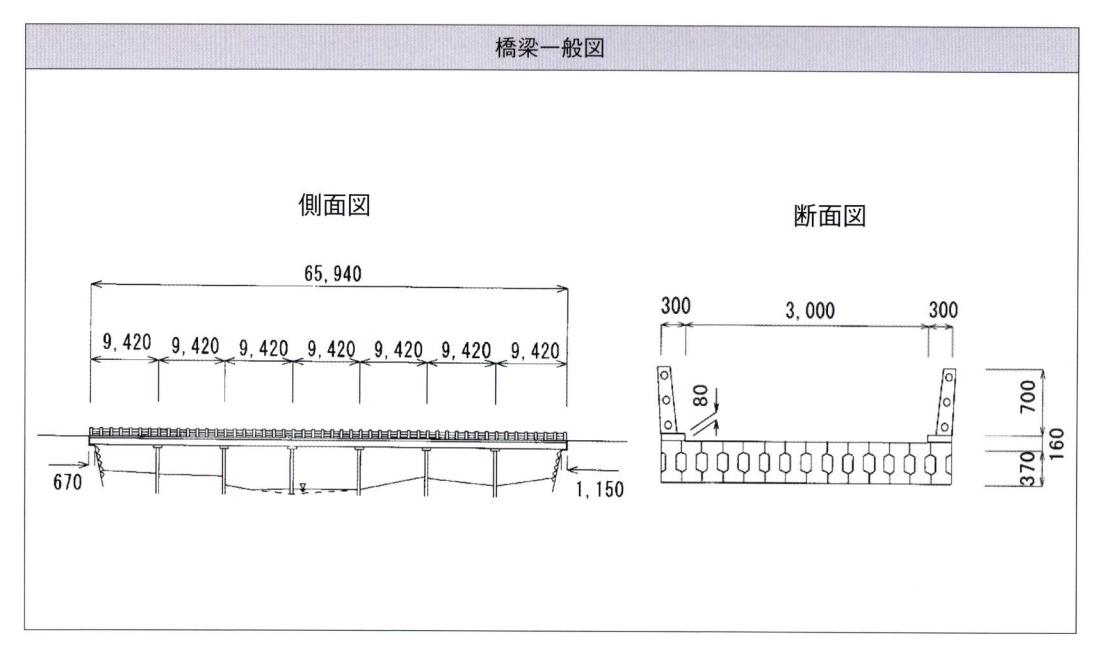

橋梁一般図

側面図　　　　　断面図

65,940
9,420 × 7
670　　1,150

300　3,000　300
80
700
160
370

損傷着目事項	橋脚コンクリートの劣化
損傷状況	漏水の影響で橋脚横梁の鉄筋腐食が進行している。
対策レベル	C　早期（1～2年以内）に対策する必要がある
対策レベルの説明	横梁の損傷は今後急激な耐力低下につながる懸念があり補修が急がれる。
補修補強対策へのコメント	①伸縮装置を取付け漏水を防止する。 ②排水枡は新たに取付け直しを行い、排水は配管で桁下位置まで導く。 ③横梁は鉄筋腐食原因、程度を調査し、新たにコンクリート巻き立てなどによる補修・補強を行う。 ④横梁の補修・補強で死荷重が増え、現在の杭基礎では支持力不足になる場合、基礎杭の追加など補強を行う。
今後の維持管理に向けて	多径間単純桁で桁掛かり長も短く、地震時の落橋防止、耐震補強も検討したい。

損傷状況	コ　メ　ン　ト
	橋脚横梁のひび割れ状況
	横梁には下側の主筋に沿ってひび割れが発生している。また他にも不規則なひび割れと遊離石灰が所々に見える。鉄筋が腐食してかぶりコンクリートの剥落が生じている箇所もある。原因はASRないし中性化と推定される。
	排水口の目詰まり
	地覆側面に設けられた排水口の寸法が小さく、周りに土砂が堆積して詰まっている。そのため、橋面の排水がスムーズに流れない状況となっている。
	橋脚部の漏水状況
	橋面に伸縮装置は無く、また橋脚部の地覆横に排水出口がある（○内）ため、漏水・排水が橋脚横梁に直接かかる状況となっている。
	下部工形式
	7径間PC単純桁の多柱式橋脚である。一見して橋脚の剛性が低く、耐震性に不安がある。

損傷事例 9

橋　名	津田川橋（つだがわばし）
上部工	RCT 桁橋（6 径間）
下部工	半重力式橋台、壁式橋脚
竣　工	昭和 10 年
管理者	さぬき市
調査日	平成 22 年 2 月 26 日
備　考	

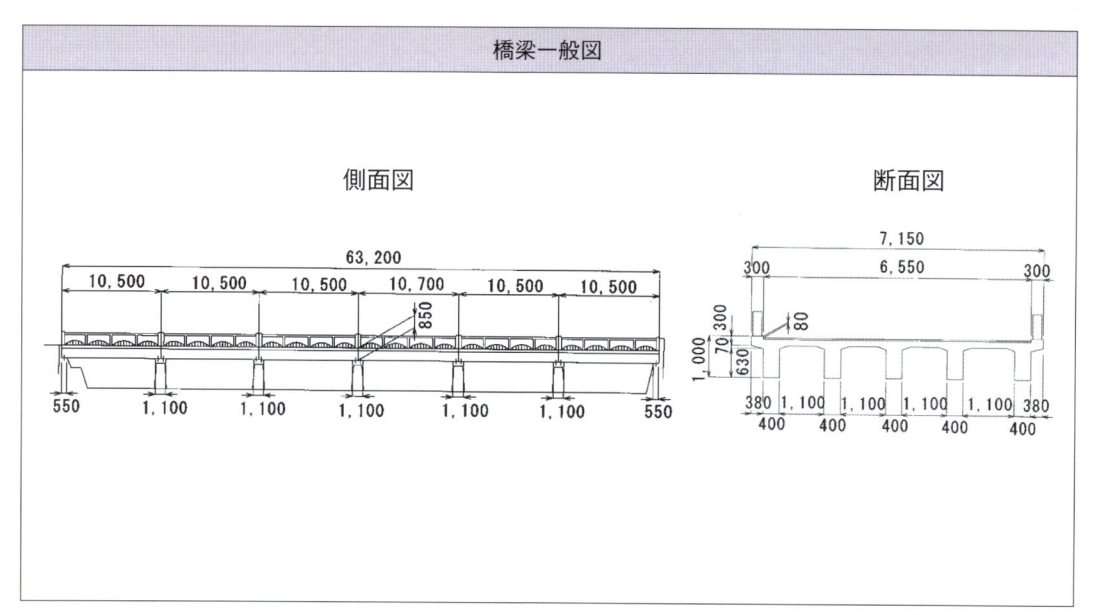

橋梁一般図

側面図　　　　　断面図

損傷着目事項	コンクリート橋の中性化
損傷状況	主桁下面に鉄筋腐食・露出が生じている。
対策レベル	B　状況を継続観察し、数年以内に対策を決めるのがよい
対策レベルの説明	中性化が原因と予想される鉄筋腐食・露出が全径間で見られ、これ以上の鉄筋腐食進行を止める対策が必要な状況である。
補修補強対策へのコメント	鉄筋腐食の進行状況を詳細調査し、鉄筋露出箇所、うき箇所は防錆処理を施して断面修復補修が必要な状況である。また、現在うきが生じていない箇所についても今後鉄筋の腐食進行でかぶりの剥落が懸念されるので、腐食進行防止のためのコンクリート表面保護工法による補修がよい。併せて、劣化の進行を助長していると思われる橋面からの排水処理法（排水枡、排水パイプ）の改良を実施したい。
今後の維持管理に向けて	すぐ近くに並行して国道の橋があり、自動車の通行量は少ない。人道橋として、最低限の補修だけで維持管理する選択肢もあるのでは。

●第4章● 損傷事例報告

損傷状況	コメント
	主桁の鉄筋露出
	主桁の鉄筋が腐食し露出している。張出し床版に水切りがなく、地覆から雨水が回り込んできている。鉄筋露出はその水がかからない部分に集中しているように見える。
	橋面の状況
	特徴的な親柱がある。伸縮装置はなく、桁間の伸縮部位置の舗装はひび割れて目開きし、雨水が橋脚まで浸透している。
	排水枡の状況
	径間ごとに四隅に設けられた排水枡にはゴミ除けと思われる蓋がされている。周辺には土砂が溜まり、雑草が生えており、排水はスムーズに行われていない。
	桁下の状況
	鉄筋露出は端部桁の外側面で進行しており、内部の桁では見られない。床版には漏水でできた遊離石灰が見られる。橋面の排水枡に接続する排水管は見られず、桁内面を伝って流れている状況である（○内に漏水跡）。

損傷事例 ⑩

橋　名	観音寺極楽橋（かんおんじごくらくばし）
上部工	RC桁橋（3径間）
下部工	重力式橋台、3柱式橋脚
竣　工	昭和8年
管理者	観音寺市
調査日	平成21年6月26日
備　考	

橋梁一般図

側面図　　　　　断面図

損傷着目事項	主桁（RC製）、下部工の劣化
損傷状況	主桁のコンクリートが剥離し鉄筋が露出している。露出した鉄筋は激しく腐食している。また、下部工もコンクリートのうきやひび割れが多く発生している。
対策レベル	E　通行規制を行い、急ぎ対策する必要がある
対策レベルの説明	4tまでの重量規制を実施しているが、守られている保証はないため、早急に今後の対応方針を検討する必要がある。
補修補強対策へのコメント	既に4tまでの重量規制を実施している。主桁のコンクリート剥離による鉄筋露出が多数発生している。また、下部工も大きなひび割れが多数発生していることから、補修対策には多額の費用が必要となる。よって、架替えも含めた対応方針を検討する必要がある。
今後の維持管理に向けて	架設年次が昭和8年とかなり古く、また河道も本橋梁の影響により狭窄部が生じている。よって、今後の対応として橋梁の架替えや路線の廃止も含めた検討が必要である。

損傷状況	コ メ ン ト
	主桁のコンクリート剥離と鉄筋露出
	主桁の下端に連続的にコンクリート剥離ならびに鉄筋露出が発生している。
	主桁下端の鉄筋露出
	露出した鉄筋が著しく腐食しており、部分的に大きく断面欠損も確認できる。
	橋脚の大きなひび割れ
	橋脚に大きなひび割れが発生している。
	橋台が大きく河川を阻害
	河道幅に比べて橋長が短いため、大きく河川を阻害しており、河川管理の面でのボトルネックとなっている。出水時には本橋梁上流部での水位が大きく上昇しているものと推測される。

損傷事例 ⑪

橋　名	御幸橋（みゆきばし）
上部工	RCT 桁橋（2 径間）
下部工	逆T式橋台（推測）、壁式橋脚
竣　工	昭和 29 年 11 月
管理者	東かがわ市
調査日	平成 21 年 8 月 24 日
備　考	河口に位置する

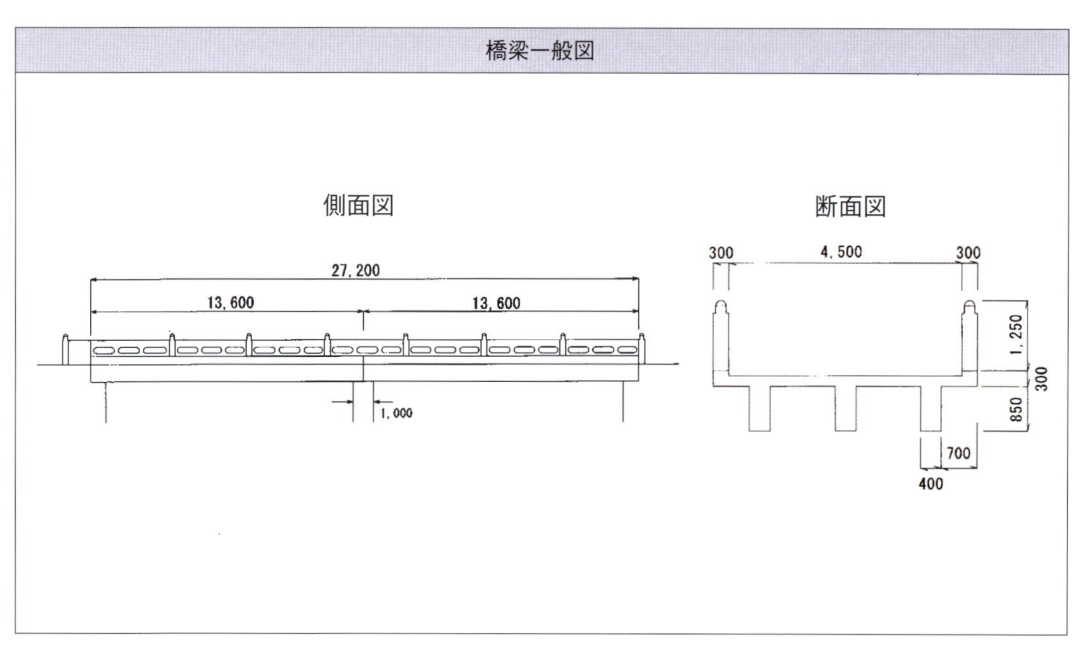

橋梁一般図

側面図　　　　　　　　　　断面図

損傷着目事項	コンクリート橋の塩害劣化
損傷状況	主桁・床版・下部工とも塩害と思われる劣化で鉄筋腐食・露出が生じている。
対策レベル	C　早期（1～2年以内）に対策する必要がある
対策レベルの説明	塩害が進行し、劣化期（4段階評価の最終段階）に入っているものと推定する。
補修補強対策へのコメント	大がかりな断面修復補修が必要な状況である。鉄筋の欠損も予想され、鉄筋を追加配筋しての補強が必要であるかもしれない。塩害劣化補修は数年後に再劣化するケースが多く、それを防止するためには、電気防食工法を施すことが現状最も信頼性が高い。しかし高価であり、その適用のためには将来利用計画を考えた LCC 検討を行いたい。
今後の維持管理に向けて	架替えも含めた検討が必要

■ ●第4章● 損傷事例報告

損傷状況	コメント
	支承部の陥没
	主桁端部が鉄筋腐食で剥落してつぶれ、桁全体が2cmほど落ち込んでいる（高欄天端に段差が見られることからもわかる。）。劣化期にある塩害劣化と推定され、これだけ見ても急ぎの補修が必要な状況である。
	高欄のひび割れ
	高欄の継ぎ手部分にも異常なひび割れが入っており、桁が動いていることを示している。なお、写真に写っているチェーンは添架管の工事用足場のもの。
	張出し床版下面の鉄筋露出
	伸縮装置部分からの漏水が腐食を速めているようである。張出し床版にはこれ以外にも、鉄筋露出箇所が多数見られる。
	橋脚の鉄筋露出
	橋脚は洗い出されたためか表面が摩耗している。ポンプ車がない時代にバケット打設したと思われ、横縞模様はコンクリートの打ち継ぎ位置で生じたものと推定する。上段部分で鉄筋の腐食に伴う剥落が見られる。

損傷事例 12

橋　名	土器川橋（どきがわばし）
上部工	RCゲルバーT桁橋（8径間）
下部工	逆T式橋台（推測）、壁式橋脚
竣　工	昭和10年（上部工右岸4径間は昭和50年に架替えている）
管理者	丸亀市
調査日	平成20年10月2日
備　考	

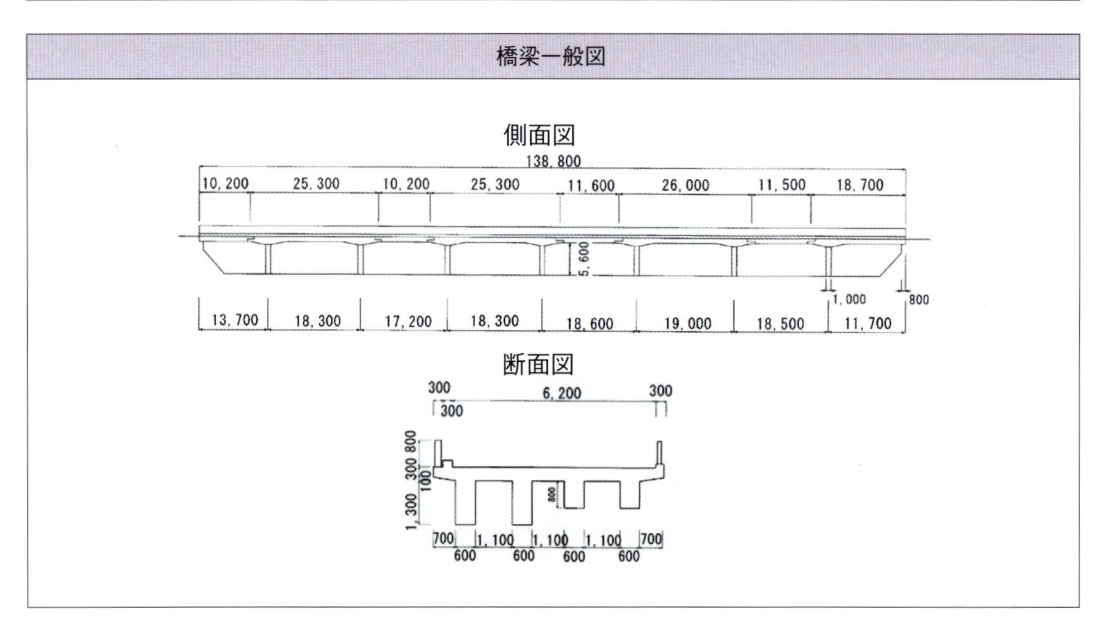

橋梁一般図

側面図

断面図

損傷着目事項	主桁（特にゲルバー部）、床版の劣化損傷
損傷状況	主桁（ゲルバー部）の劣化がかなり進行しており、広範囲に鉄筋が露出している。また、コンクリート床版も部分的に激しく劣化しており、大きなひび割れが発生している。
対策レベル	C　早期（1～2年以内）に対策する必要がある
対策レベルの説明	主桁、床版の劣化が激しく、橋梁構造体の安全性も脅かす状態にあるため、早期に対策を講じる必要がある。
補修補強対策へのコメント	本橋梁の劣化要因は、床版からの漏水によるものと推測される。よって、漏水を防止するための床版への橋面防水工と非排水型伸縮装置への取り替えが重要である。また、主桁や床版のひび割れや断面欠損に対し、注入工法や断面修復により補修する。
今後の維持管理に向けて	長期的な維持管理を考えた場合、ゲルバー部の連続一体化の検討も必要である。

● 第4章 ● 損傷事例報告

損傷状況	コ　メ　ン　ト
	主桁（ゲルバー部）の劣化損傷
	主桁のゲルバー部において断面欠損が発生しており、露出した鉄筋は腐食している。
	床版下面の補強鋼板の劣化
	床版下面と主桁下面に鋼板接着による補強対策が施されているが、鋼板の腐食、うきが進行している。また、主桁には多くのひび割れと遊離石灰の析出が認められる。鋼板裏面の腐食、コンクリートの劣化進行が推定される。
	床版上面のひび割れ
	橋面舗装および床版コンクリートに多くのひび割れが発生している。このひび割れから多量の雨水が流れ込んでいるものと推測される。
	高欄コンクリートの劣化損傷
	高欄コンクリートのひび割れや剥離が発生しており、高欄として十分な機能を発揮できない状態にある。

損傷事例 13

橋　名	祇園橋（ぎおんばし）
上部工	PCポステン中空床版橋（5径間）
下部工	逆T式橋台、T形橋脚
竣　工	昭和43年3月
管理者	三豊市
調査日	平成20年11月21日
備　考	

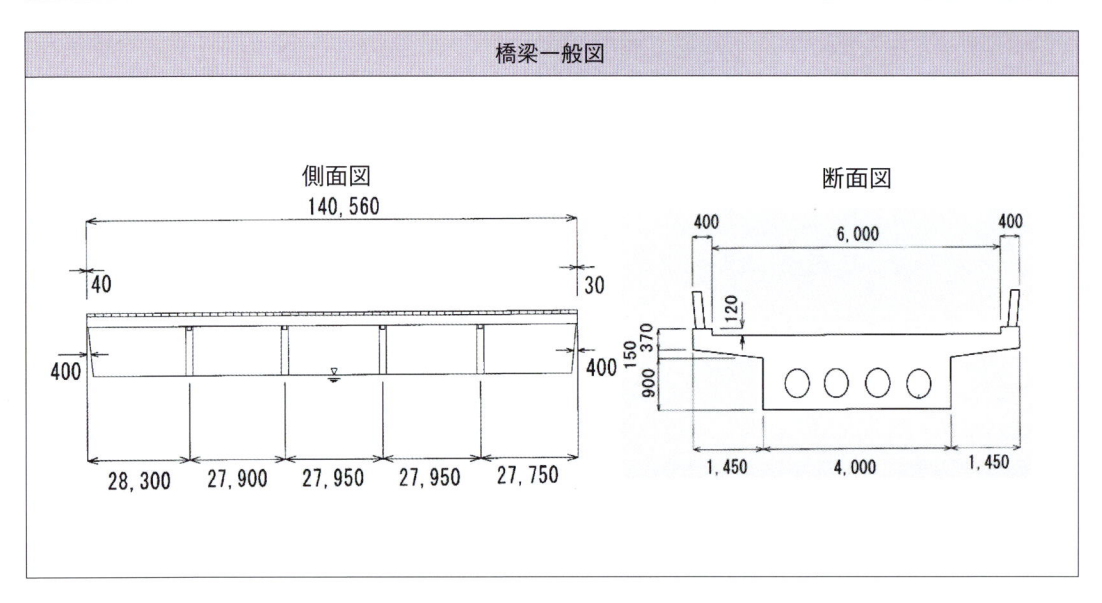

橋梁一般図

側面図／断面図

損傷着目事項	伸縮装置からの漏水によるコンクリート劣化
損傷状況	伸縮装置からの漏水が張出し床版、桁側面に浸透し、遊離石灰を発生して劣化の進行が始まっている。
対策レベル	B　状況を継続観察し、数年以内に対策を決めるのがよい
対策レベルの説明	劣化原因を除去し、早い時期に補修することで、大補修を未然に防止することができる。
補修補強対策へのコメント	劣化部分の補修だけでなく、原因となっている漏水を止める対策（伸縮装置の更新など）が必要である。 劣化コンクリートの補修はうき箇所の有無を確認して、鉄筋の腐食進行が大きくなければ表面保護工法だけで対応することも可能である。 うき箇所ははつり落として鉄筋防錆処理を行ったうえで断面修復補修を行う。うきの再発・剥落を懸念する場合は繊維シートの入った表面保護塗装を行う。
今後の維持管理に向けて	漏水による劣化が他の部位にも及んでいないか、追跡点検が重要である。

第4章 損傷事例報告

損傷状況	コメント
	伸縮装置の状況
	ゴム製の伸縮装置が取り付けられており、損傷は見られない。橋面の排水枡が上方に写っているが、目詰まりは生じていない。
	橋脚位置の伸縮装置からの漏水
	漏水箇所周辺の張出し床版と桁側面に水分が蒸発した後に残る遊離石灰が見られる。水分はコンクリート内部に一度入り、一定距離まで浸潤して蒸発する。蒸発位置はほぼ一定で蒸発の際に溶けだしたコンクリート成分が結晶として残るため、さんご礁のように白い輪郭線を描くこともある（本写真では浸潤範囲に広がっている）。
	橋脚位置の伸縮装置からの漏水（拡大写真）
	遊離石灰の発生部分はコンクリート成分が抜け出すため中性化の進行が速まり、この写真でもかぶり厚の少ない鉄筋が腐食し露出している。このような場合、他にも顕在化していない鉄筋腐食がある可能性がある。そこで、このような損傷箇所の下に道路などがある場合は、コンクリート片の落下による第三者被害の防止のため、たたき点検が必要である。
	漏水劣化に対する他橋での補修事例
	この事例は伸縮装置からの漏水による劣化に対して、漏水対策をした上で有機系の表面保護工法を適用したものである。保護用の塗膜材は有機系のものと、無機系のものがあり、状況による使い分けが必要である。ただし、どちらの材料でも共通して重要なことはコンクリート内部の水分の蒸発を可能とする透過性能である（塗膜内面に結露すると塗膜剥がれの原因となる）。

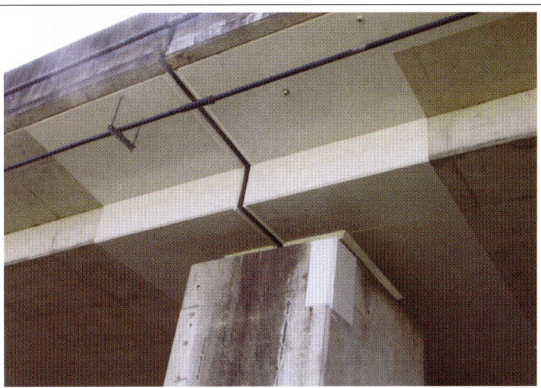

損傷事例 14

橋　名	雲井橋（くもいばし）
上部工	RCゲルバーT桁橋（5径間）
下部工	重力式橋台、壁式橋脚
竣　工	昭和31年
管理者	坂出市
調査日	平成21年10月30日
備　考	

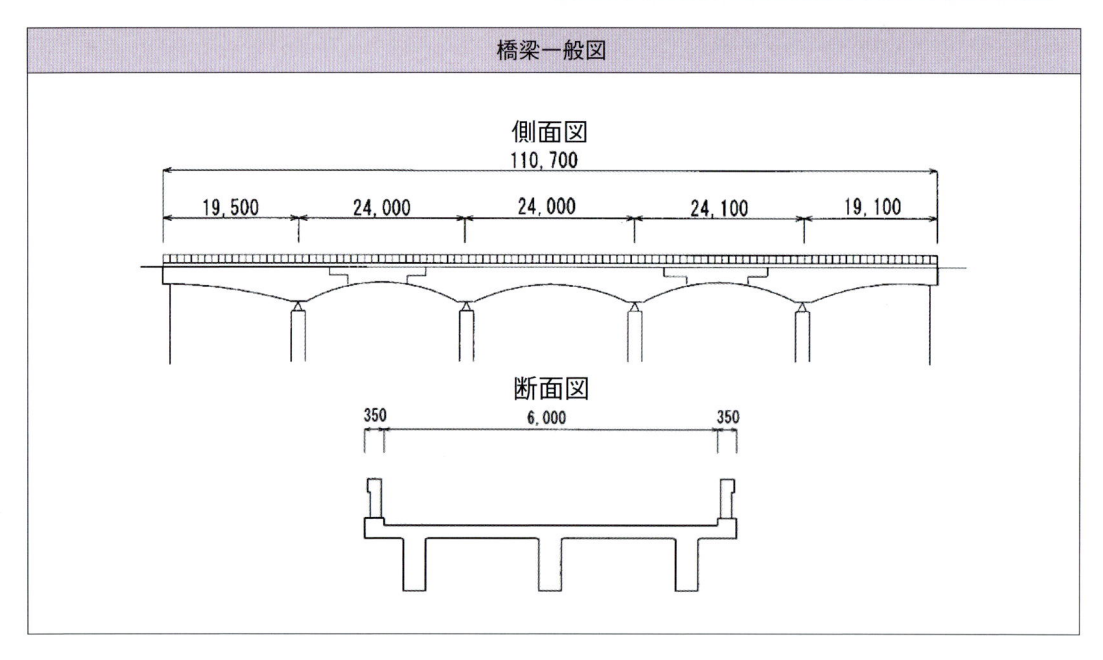

橋梁一般図

側面図
110,700
19,500 | 24,000 | 24,000 | 24,100 | 19,100

断面図
350 | 6,000 | 350

損傷着目事項	主桁（ゲルバー部）の劣化
損傷状況	主桁のゲルバー部が伸縮装置からの漏水により劣化している。過去に補修した形跡があるが、現段階でも漏水はおさまっていないことから、現状を保持すると再度劣化する可能性は高い。
対策レベル	B　状況を継続観察し、数年以内に対策を決めるのがよい
対策レベルの説明	過去に補修した形跡があり、現時点での断面欠損等は見られず、早期に補修する必要性は低い。
補修補強対策へのコメント	過去に補修しているが、ゲルバー部での漏水はおさまっていない。よって、ゲルバー部の再劣化の可能性は高い。非排水性の伸縮装置の取り替えにより劣化原因を除去する対策が必要である。
今後の維持管理に向けて	長期的に考えた場合、ゲルバー部は劣化しやすいと考えられる。よって、ゲルバー部の連続化等も含めた長期的な維持管理計画を検討する必要がある。

第4章 損傷事例報告

損傷状況	コメント
	主桁ゲルバー部の劣化状況
	主桁ゲルバー部は過去に断面修復等の補修が施されている。また、現段階では大きな損傷は見られないが、劣化原因と推測される漏水はおさまっていないことから、再劣化の可能性は高い。
	主桁の補修状況
	過去に主桁ひび割れの注入による補修が施されている。
	主桁の補修状況
	過去に主桁ひび割れの注入による補修が施されている。注入補修後の再劣化（再ひび割れ）は認められない。
	橋台躯体に水平方向のひび割れ
	橋台躯体に水平方向のひび割れが発生している。コールドジョイントによるひび割れの可能性が高い。

損傷事例 15

橋　名	城渡橋（しろわたりばし）
上部工	PCポステンT桁橋（5径間）
下部工	半重力式橋台、張出し式橋脚
竣　工	昭和39年
管理者	香川県
調査日	平成21年12月18日
備　考	

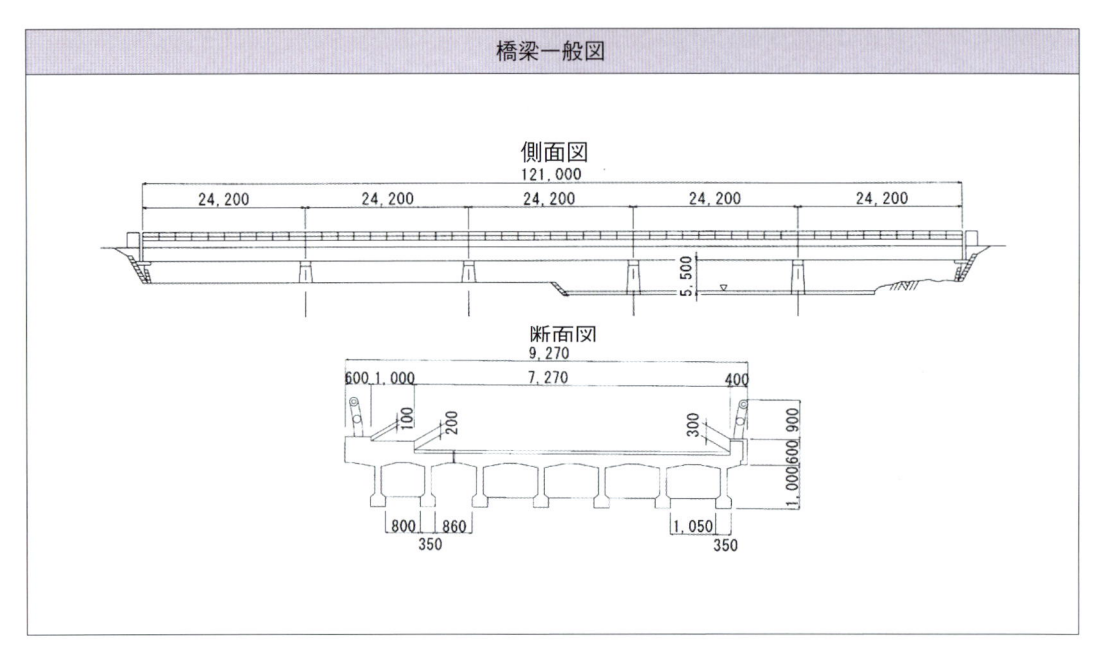

橋梁一般図

側面図 121,000
24,200　24,200　24,200　24,200　24,200
5.500

断面図 9,270
600　1,000　7,270　400
100　200　300
800　860　1,050
350　350
1,000　600　900

損傷着目事項	床版の漏水
損傷状況	本橋および側道橋の床版からの漏水や滲みだしが多く見られる。
対策レベル	C　早期（1～2年以内）に対策する必要がある
対策レベルの説明	現時点での大きな劣化や損傷は見られないものの、床版の漏水状況から一旦劣化が始まると進行は速いと推測され、早期の対策が必要である。
補修補強対策へのコメント	床版の多くの箇所から漏水や滲みだしが発生している。現時点での大きな劣化や損傷は見られないものの、一旦劣化が始まると進行は速いと推測される。また、本路線は交通量も多く主要な県道の1つである。よって、数年以内に床版の漏水原因を明確にし、漏水対策を講じることが適切である。
今後の維持管理に向けて	上部工、下部工を含め、施工状態が悪いと推測される。よって、劣化の原因となる漏水対策を早めに実施するとともに、劣化や損傷が確認されたら早めの対応が重要である。

損傷状況	コメント
	**床版からの漏水**
	床版全般に漏水が発生しており、鉄筋腐食の進行が懸念される。早期の路面側からの対策が必要である。
	**滲みだしが見られる側道橋床版**
	側道橋の床版に路面からの滲みだしが見られる。
	**排水管が短く主桁を伝っての排水**
	排水管が短く、路面排水が主桁側面を伝って流下している。 落橋防止装置の腐食を招くことにもつながることから、早期に配水管の延長が必要。
	**橋脚躯体の大きなジャンカ**
	橋脚躯体に施工不良による大きなジャンカが見られる。鉄筋が露出し、層状剥離錆となっている。

損傷事例 16

橋 名	塩屋天神陸橋（しおやてんじんりっきょう）
上部工	RC中空床版橋（2径間）＋PCプレキャスト中空床版橋＋RC中空床版橋（2径間）
下部工	逆T式橋台、壁式橋脚
竣 工	昭和45年
管理者	丸亀市
調査日	平成20年10月2日
備 考	跨線橋

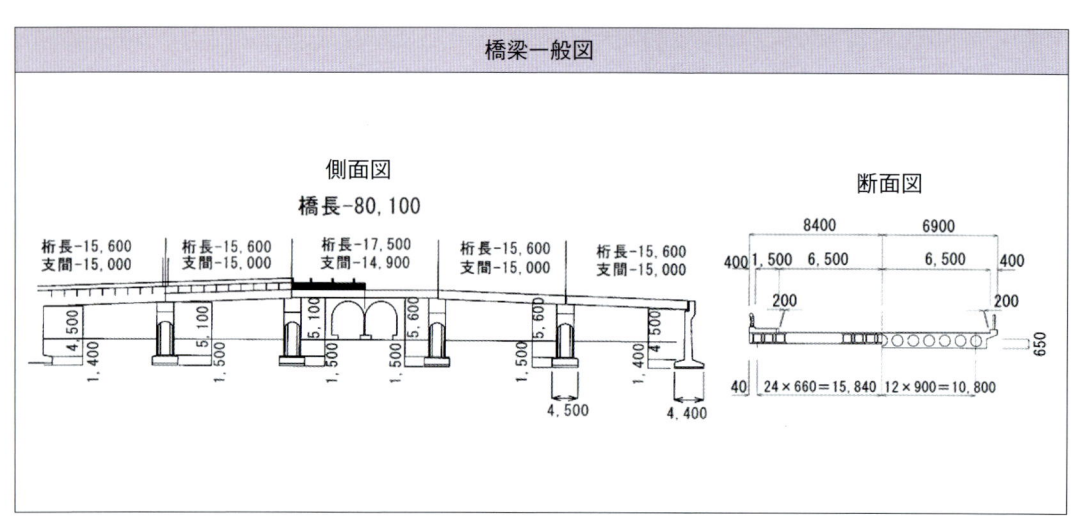

橋梁一般図

側面図　橋長=80,100

断面図

損傷着目事項	アルカリ骨材反応（ASR）による下部工の劣化
損傷状況	アルカリ骨材反応（ASR）と推測される下部工の劣化損傷（大きなひび割れ、コンクリートの剥離）が発生している。また、主桁端部を主としたひび割れや断面欠損が発生している。
対策レベル	B　状況を継続観察し、数年以内に対策を決めるのがよい
対策レベルの説明	橋梁構造体としての危険性は低いものの、現在のまま放置すると長期的に大規模な補修が必要となることから、数年以内の対策が必要である。
補修補強対策へのコメント	下部工のひび割れの原因を特定する詳細調査を実施する必要がある。その後、劣化原因に対する対策を検討する。仮に、ASRによる劣化とすれば、ASRの進行状況に応じたひび割れ注入や表面被覆等の対策を施すこととなる。また、上部工の一部（主に端部）にコンクリート剥離やひび割れが発生していることから、漏水対策および断面修復を施し鉄筋の腐食を防止する必要がある。
今後の維持管理に向けて	ASRによる劣化は長期間を費やし徐々に劣化する。また、本橋梁は跨線橋であり、JRとの近接施工が必要となる。よって、再補修の可能性をできるだけ排除するため、補修内容の事前検討を十分に行っておくことが重要である。

● 第4章 ● 損傷事例報告

損傷状況	コ　メ　ン　ト
	**ASRによる橋脚張出し部の大きなひび割れ** 橋脚張出し部にアルカリ骨材反応によると推測される大きなひび割れが発生している。
	**主桁端部のひび割れおよび断面欠損** 主桁端部にひび割れや断面欠損が発生している。おそらく伸縮装置からの漏水により劣化したものと推測される。
	**橋脚張出し部のコンクリート剥離および鉄筋露出** 橋脚張出し部にかぶり不足によるコンクリート剥離が発生し鉄筋が露出している。 応急措置として鉄筋の防錆処理が施されている。
	**地覆部のひび割れ** 地覆コンクリートにアルカリ骨材反応によると推測される延長方向に連続したひび割れが発生している。

損傷事例 17

橋　名	挿頭橋（かざしばし）
上部工	PC プレテン I 桁橋
下部工	ラーメン式橋台
竣　工	昭和 41 年 10 月
管理者	綾川町
調査日	平成 21 年 2 月 6 日
備　考	跨線橋

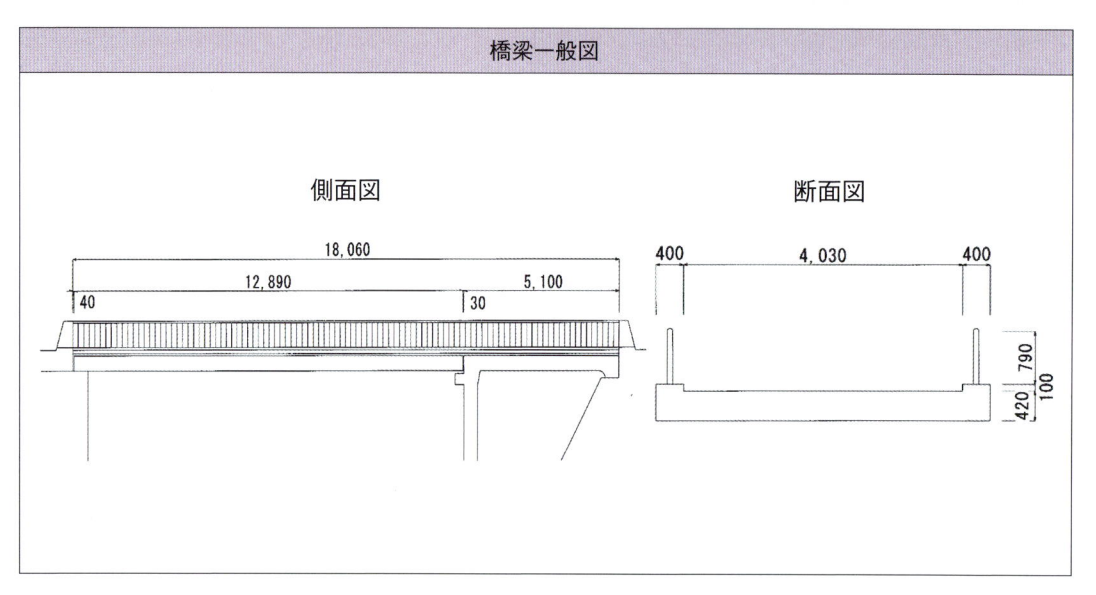

橋梁一般図

側面図　　　断面図

18,060 / 12,890 / 5,100 / 40 / 30

400 / 4,030 / 400 / 790 / 420 / 100

損傷着目事項	橋台のアルカリ骨材反応（ASR）による劣化
損傷状況	ラーメン式橋台のコンクリートに ASR によるひび割れと遊離石灰が見られる。
対策レベル	C　早期（1～2 年以内）に対策する必要がある
対策レベルの説明	跨線橋であり、詳細点検（たたき点検を含む）を急ぎ行い、対策する必要がある。
補修補強対策へのコメント	①コンクリートのうきがないかたたき点検、並びに鉄筋腐食調査を行う。 ②ひび割れは注入補修を行い、うき箇所があれば断面修復補修を行う。 ③漏水を止め、かつ橋台に水の浸透がないように表面保護工法を適用する。 ④天端のひび割れの多い箇所は再劣化による剥落防止対策として繊維シート入りの保護塗装も検討する。
今後の維持管理に向けて	ASR による膨張は完全に収束することはなく、保護塗膜に再度ひび割れが発生する事例が多い。ただし、その場合でも耐荷性、耐久性の急激な低下は少ないので、よく観察して対策を決めることがよい。

● 第4章 ● 損傷事例報告

損傷状況	コ メ ン ト
	ラーメン式橋台前面のひび割れ
	雨水のかかる部分、天端の左右端にひび割れが集中している。これはASRによる劣化の一つの特徴である。また桁端部からの漏水の影響で、天端には遊離石灰が出ている。これ以外にもひび割れが全面的に見える。
	天端のひび割れ状況拡大写真
	ひび割れが網目状に入っている。遊離石灰は雨のかからない内側に多く（○内）、端部では見られない。これは端部では雨による洗い流しがあるためと推定する。
	ラーメン式橋台を背面から見た状況
	雨水を直接受けないのか表面はきれいな状況。ひび割れは網目状に入っており、右端の雨水の影響を受ける部分には遊離石灰が発生している。
	橋台天端、地覆側面のひび割れ
	コンクリートの打ち継ぎ線に沿って2本平行したひび割れ（打ち継ぎ位置の開き）が見える。打ち継ぎ位置は、ASRによる膨張で開いてくる事例が多い。

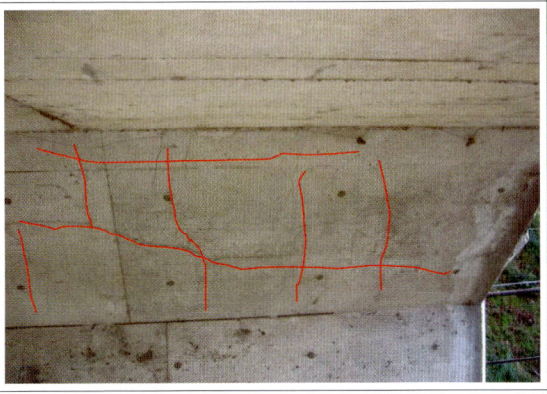

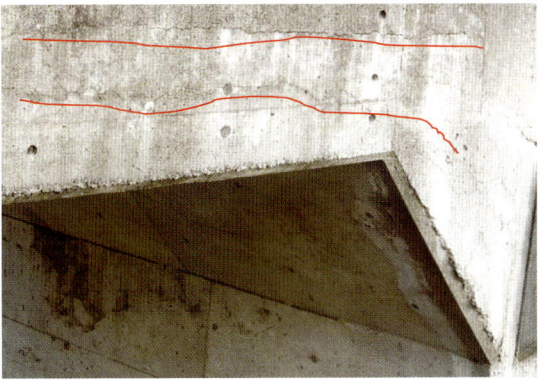

損傷事例 18

橋　名	屋島大橋（やしまおおはし）
上部工	PCポステンT桁橋（10径間）
下部工	逆T式橋台、張出し式橋脚
竣　工	昭和57年
管理者	高松市
調査日	平成21年4月24日
備　考	河口に位置する。経時変化事例14も参照

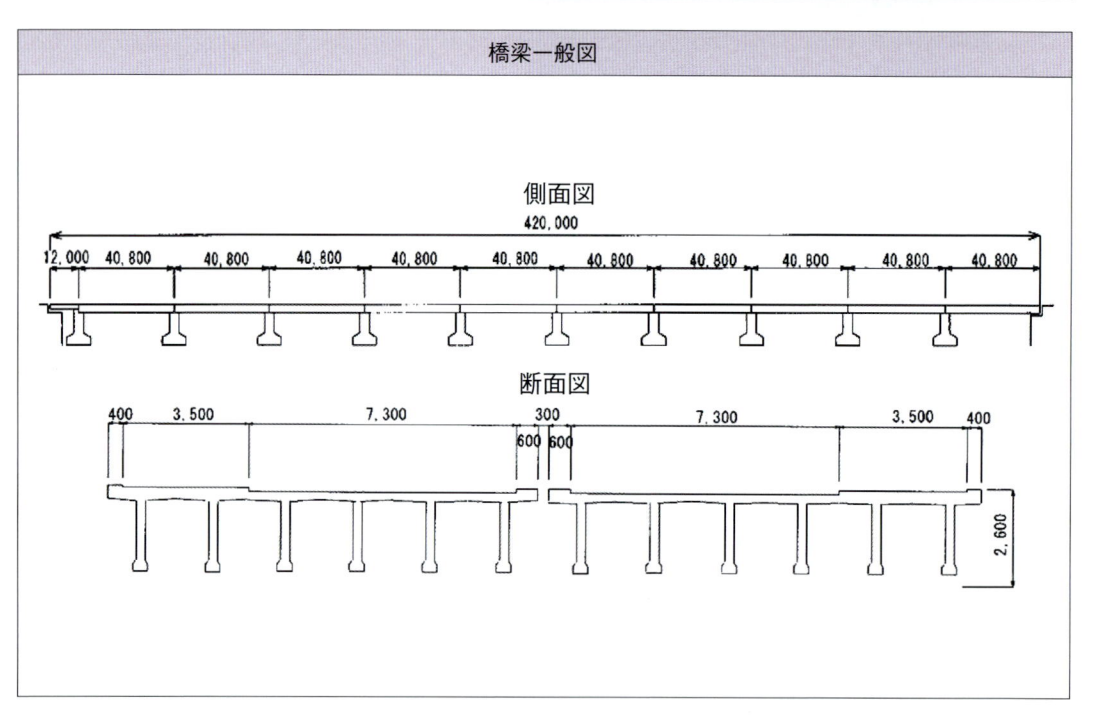

橋梁一般図

側面図

断面図

損傷着目事項	橋台、橋脚のアルカリ骨材反応（ASR）による劣化
損傷状況	橋台、橋脚にASRによるひび割れが見られる。
対策レベル	B　状況を継続観察し、数年以内に対策を決めるのがよい
対策レベルの説明	漏水、遊離石灰発生量が増えており、進行性があるものと推定される。
補修補強対策へのコメント	漏水対策を行い、ASR劣化の原因の一つを除く。鉄筋腐食が進行していない場合は、コンクート表面に保護塗装を行い劣化の進行を止める。被覆材は今後のひび割れの動きに追随できるよう伸びがあり、かつ遮水性、透湿性のある材料を選択する。
今後の維持管理に向けて	河川内水中部の劣化調査も必要であるが、淡水、海水を問わず水中部でASRの著しい進行事例は報告されていない。

損傷状況	コメント
	橋台の漏水箇所でのひび割れ
	漏水箇所にひび割れ発生が集中している。ASRが水分の影響で進行したものと推定する。
平成17年12月12日撮影　平成21年4月24日撮影	**以前の写真との比較**
	平成17年撮影の写真と比較すると漏水と遊離石灰発生量が増えている。このように過去の記録写真と比較すると劣化の進行が容易に判断できる。
	橋脚のひび割れ
	橋脚にも亀甲状のひび割れが見られる。写真左下に見える丸はコア抜き補修跡。四角は、はつり調査補修跡であり、過去の調査実績があることになる。
	ASRの他橋での補修事例
	同様に劣化した橋脚の補修後事例。伸縮装置からの漏水処理と表面保護工法が採用されている。表面被覆材には大きく分けて有機系のものと、無機系のものがあり補修の狙いによって使い分けている。いずれも伸びることでひび割れ追随性と遮水性が要求される。

損傷事例 19

橋　名	大的場跨線橋［下り］（おおまとばこせんきょう）
上部工	鋼3径間連続I桁橋ほか（8径間）
下部工	逆T式橋台、張出し式橋脚ほか
竣　工	昭和49年3月
管理者	高松市
調査日	平成21年4月24日
備　考	跨線橋

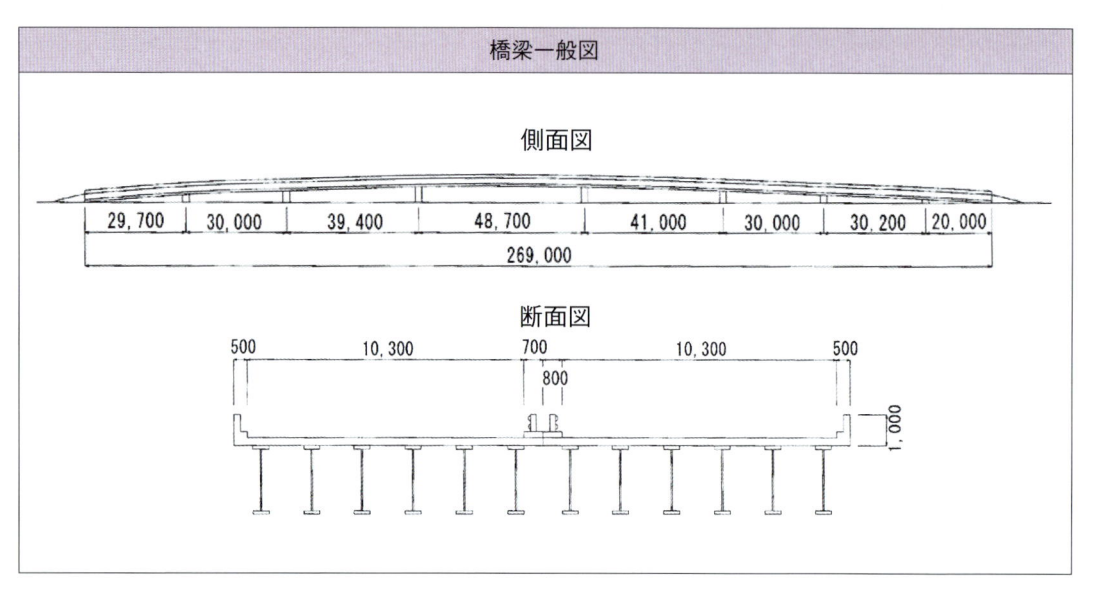

橋梁一般図

側面図

29,700 | 30,000 | 39,400 | 48,700 | 41,000 | 30,000 | 30,200 | 20,000
269,000

断面図

500 | 10,300 | 700 | 10,300 | 500
800
1,000

損傷着目事項	補修した橋脚に見られるひび割れ
損傷状況	ASRに対して補修した橋脚に新たなひび割れが見られる。
対策レベル	B　状況を継続観察し、数年以内に対策を決めるのがよい
対策レベルの説明	本橋の場合、再劣化による鉄筋腐食が最も懸念されることであるが、明確な錆汁は出ておらず腐食の進行はない模様である。
補修補強対策へのコメント	過去の補修前の状況と、補修理由、補修時期、工法をまずしっかりと調査すべきである。過去の補修対策方針、漏水処理と表面保護は誤っておらず、新たに見つかったひび割れの原因がASRの進行によるものか、保護被覆材の劣化によるものか、またはその両方なのか調査する。そして何が過去に不足していたのか確認し、次の対策を決めることがよい。
今後の維持管理に向けて	ASRによる膨張は完全に収束することはなく、保護塗膜に再度ひび割れが発生する事例が多い。ただし、その場合でも耐荷性、耐久性の急激な低下は少ないので、よく観察して対策を決めることがよい。 ただし、本橋の場合、保護塗膜そのものの劣化もあるようである。

損傷状況	コメント
	P6橋脚（起点側面）の漏水箇所でのひび割れ
	橋脚はアルカリ骨材反応による劣化に対して昭和60年代に補修されていた。 その後、補修した表面被覆材にひび割れが発生している。 ひび割れは漏水箇所に集中しており、漏水と関連性があることが分かる。
	P6橋脚（終点側面）の漏水箇所でのひび割れ
	補修は橋脚をコンクリートで巻き立て、さらに表面を保護塗装する工法と端部を鋼板で覆う工法が併用されている。 巻き立てコンクリート表面にもひび割れが見られ、アルカリ骨材反応の再発と表面保護被覆材の劣化の両方が疑われる。
	伸縮装置部の漏水受け樋
	漏水対策として取り付けられた樋・排水管はあるが漏水が止まっていない。土砂堆積で目詰まりを生じている懸念があり、設置後のメンテナンスが重要となっている。
	上部工張出し床版のデッキスラブ継ぎ手部からの漏水
	歩道部の橋面防水、排水処理が十分でないのか、床版下面に漏水が見られる。デッキスラブおよび周辺部の腐食進行が予想されるので早めの漏水対策が望まれる。

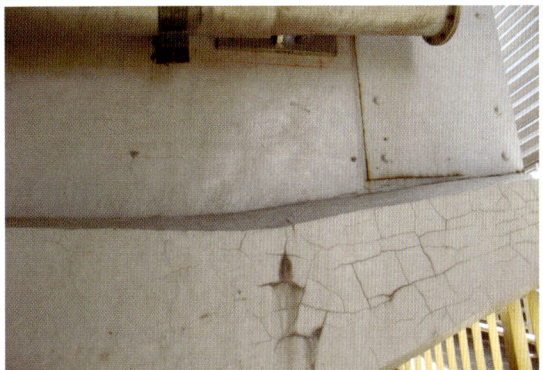

損傷事例 20

橋　名	音川橋（おんかわばし）
上部工	鋼Ｉ桁橋（3径間）
下部工	逆Ｔ式橋台、張出し式橋脚
竣　工	昭和56年
管理者	香川県
調査日	平成21年12月18日
備　考	

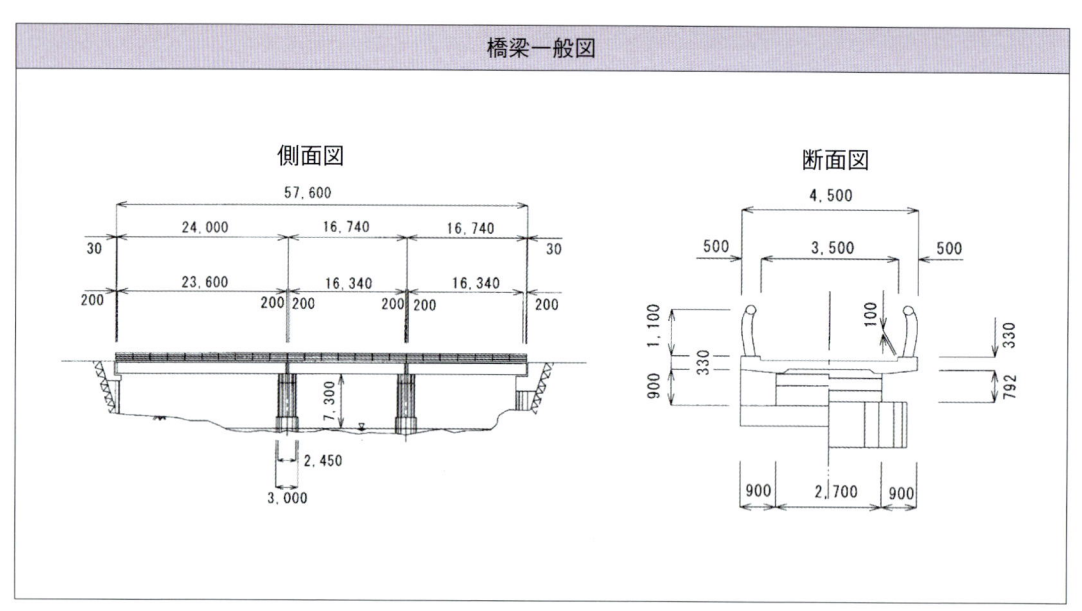

橋梁一般図

側面図　　　断面図

損傷着目事項	アルカリ骨材反応（ASR）による劣化
損傷状況	橋台、橋脚および地覆にアルカリ骨材反応（ASR）による大きなひび割れが見られる。
対策レベル	B　状況を継続観察し、数年以内に対策を決めるのがよい
対策レベルの説明	下部工に大きなひび割れが発生しているものの、主桁や床版はあまり劣化が進んでいないことから、橋梁構造体としての早期の危険性は大きくない。よって、数年以内に対策手法を検討することが適切である。
補修補強対策へのコメント	下部工には、ASRによる大きなひび割れが発生している。また、過去の詳細調査も実施していることから、今後の対策を検討する必要がある。また、主桁は全体的に塗装劣化が生じているが比較的健全であることから、長期的な再塗装計画を検討する必要がある。
今後の維持管理に向けて	下部工のASRによるひび割れは、数年以内の対策が必要である。また、上部工は、計画的な再塗装が必要である。

損傷状況	コメント
	橋台側面の ASR による網目状のひび割れ
	橋台側面に ASR による網目状の大きなひび割れが発生しているが、錆汁は認められない。
	橋脚の ASR による網目状のひび割れ
	橋脚に ASR による網目状の大きなひび割れが発生しているが、錆汁は認められない。
	地覆の縦断方向のひび割れ
	地覆に延長方向のひび割れが発生している。特徴的な ASR によるひび割れと言える。
	塗装劣化した主桁
	主桁は全体的に塗装劣化しているものの、局部的な腐食等は見られない。

損傷事例 21

橋　名	中央橋（ちゅうおうばし）
上部工	PCプレテン床版橋（2径間）
下部工	重力式橋台、T形橋脚
竣　工	昭和55年
管理者	さぬき市
調査日	平成22年2月26日
備　考	

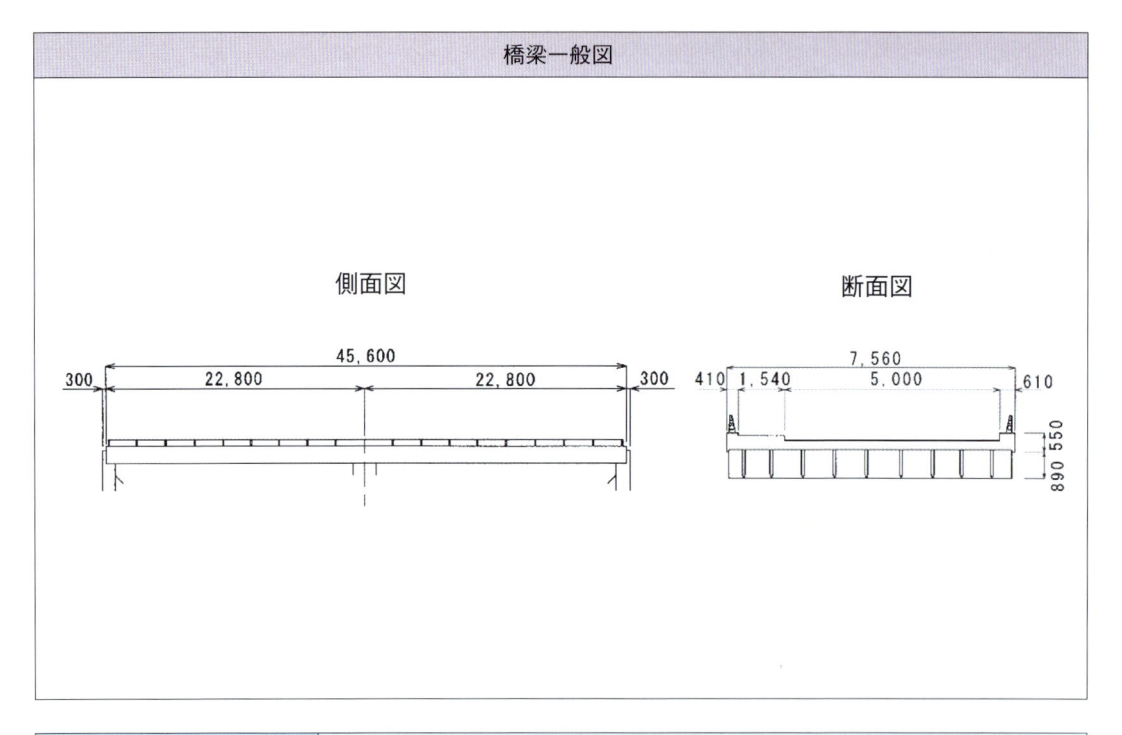

橋梁一般図

側面図　　　断面図

損傷着目事項	プレテン桁の縦ひび割れ
損傷状況	箱桁下面に橋軸方向の微細な（0.1〜0.2mm程度）ひび割れが見られる。
対策レベル	B　　状況を継続観察し、数年以内に対策を決めるのがよい
対策レベルの説明	ひび割れ原因は特定できないが、漏水、遊離石灰、錆汁などは見られない。
補修補強対策へのコメント	プレテン桁のひび割れ発生原因の一つとしてASRが疑われる。桁製作時に既に入っていた乾燥ひび割れなど進行性のないひび割れであれば、鋼材の防食の観点から表面含浸工法による防食対策とすることがよい。
今後の維持管理に向けて	ひび割れ発生箇所、幅、長さなどの記録をとること。なお、プレテン桁に関しては、鋼材を切断する恐れがあり、コア抜きにより調査は行えない場合が多い。

●第4章● 損傷事例報告

損傷状況	コ　メ　ン　ト
	桁下の状況
	大きな損傷は見られないが、慎重に見てみると、ほとんどの箱桁下面に橋軸方向のヘアークラックが見える。
	箱桁下面のひび割れ
	0.1～0.2mmほどの原因不明ひび割れが長手方向に、1本ないし2本つながって入っている。ちょうど雨天で結露しており、水分が浸み込んで黒い線となっているところもある。右側に腐食して脱落した排水管の貫通孔が見える。
	桁端部側面のひび割れ
	箱桁端部の桁側面中央にもほぼ水平のヘアークラックが入っている。
	橋面の状況
	特に変状は見られない。排水枡の位置が最低位置ではなく、縁石横にあけられたタイプであり、土砂詰まりでスムーズな排水が行えていない（○箇所）。

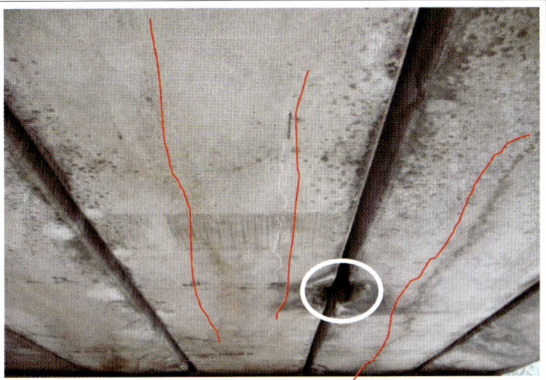

損傷事例 22

橋　名	綾上橋（あやがみばし）
上部工	鋼合成 I 桁橋（5径間）
下部工	重力式橋台、張出し式橋脚
竣　工	昭和 46 年
管理者	香川県
調査日	平成 21 年 12 月 18 日
備　考	

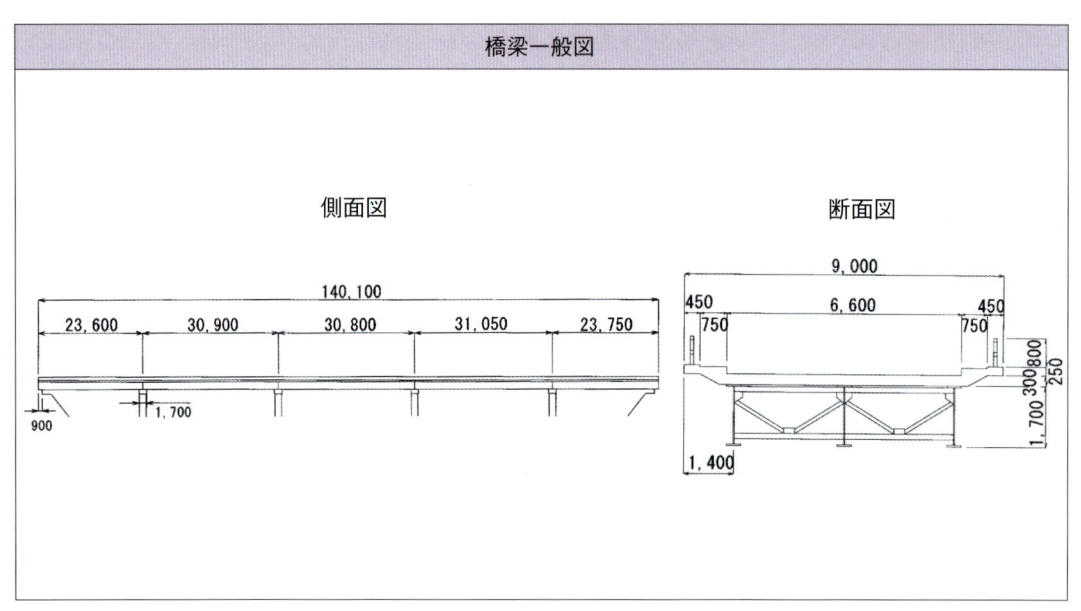

橋梁一般図

側面図　　　　　断面図

損傷着目事項	遊間異常
損傷状況	何らかの要因（地震、下部工沈下等）での主桁移動およびズレにより、遊間の異常が発生している。しかし、この損傷により車両走行性を損なうまでには至っていない。
対策レベル	B　状況を継続観察し、数年以内に対策を決めるのがよい
対策レベルの説明	現段階では、車両走行性が損なわれたり、構造上の問題（桁の接触等）が生じるまでには至っていない。しかし、損傷の原因が明確でないことから、継続的な点検により、今後の桁や遊間の移動動向を観察する必要がある。
補修補強対策へのコメント	今後の点検により、桁移動や遊間の変化が生じる場合には、詳細調査によりその原因を特定し対策を検討する。
今後の維持管理に向けて	定期的な点検により、桁移動および遊間の変化動向を把握することが重要である。また、橋脚については ASR の観点からのひび割れ観察も継続することが必要である。

損傷状況	コ　メ　ン　ト
	主桁が移動し、遊間が減少
	5径間のうち1径間の主桁が何らかの原因により左岸側に移動し、主桁のズレおよび遊間異常が発生している。路面側に異常は認められず、現在は安定した状態にあると推定される。定期的な点検により確認が必要。
	主桁が移動し、遊間が増大
	5径間のうち1径間の主桁が何らかの原因により左岸側に移動し、主桁のズレおよび遊間異常が発生している。路面側には異常は認められない。
	ASRによると推測される橋脚のひび割れ
	P4橋脚の基部にASRによると推測される大きなひび割れが発生している。
	床版張出し部のコンクリート剥離
	床版張出し部の下面のコンクリートが剥離し、鉄筋が露出している。桁下空間を広場として利用していることから、第三者被害に対する対策が必要である。

損傷事例 23

橋　名	財田橋（さいたばし）
上部工	PCプレテン床版橋（4径間）
下部工	逆T式橋台、壁式橋脚
竣　工	昭和36年3月
管理者	三豊市
調査日	平成20年11月21日
備　考	市街地に位置する。

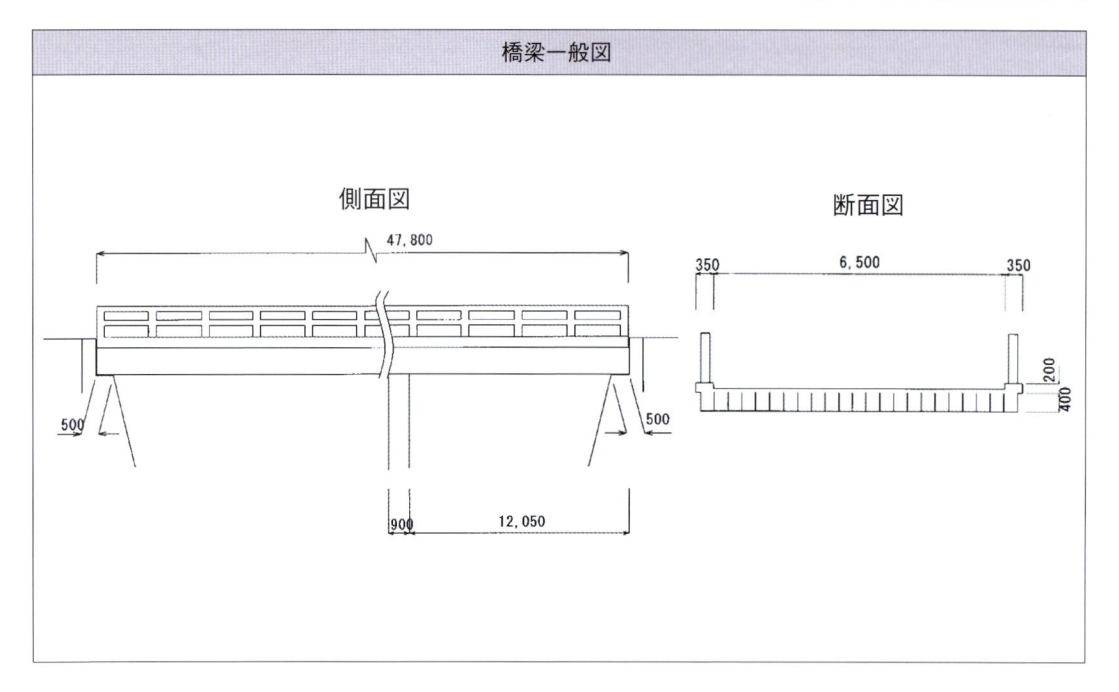

橋梁一般図

側面図　　　　　　　　　　　断面図

損傷着目事項	橋の通り線形の異常
損傷状況	桁が設置位置から動いた形跡が見られるが、現状で機能上の問題は生じていない。 コンクリート舗装に競合いによると思われる破損があり、路面に凹凸が生じている。
対策レベル	B　　状況を継続観察し、数年以内に対策を決めるのがよい
対策レベルの説明	耐久性に関わる重大な損傷には見えないが、変状原因が明確でなく、慎重を期し継続観察とする。
補修補強対策へのコメント	桁の動きが進行性の場合、詳細調査により原因を特定して対策を検討する。 コンクリート舗装の損傷はアスファルトによる部分補修で様子を見る。
今後の維持管理に向けて	変状の進行性に関して定期的な追跡点検が重要である。

損傷状況	コメント
	高欄の通りがずれている
	4径間のうち3径間目の桁が反時計まわりに水平回転したかのように高欄の通りがずれている。橋脚には洗掘などの変状は認められない。原因不明であり注意が必要である。
	高欄が目地位置で段差がある
	2径間と3径間の継ぎ手位置で高欄に2cmほどの段差が生じている。最近発生したものではなく、以前から少しずつ生じてきた段差とのこと。定期的な寸法計測を行い、進行するようであれば詳細調査が必要と診断した（平成22年6月現在、その後の進行は確認されておらず、落ち着いている模様）。
	桁端の接続部での舗装の損傷
	伸縮装置は無く、コンクリート舗装が競り合って損傷した模様。そこに水と土砂が入るためなのか、破損部分が徐々に盛り上がって凹凸となっている。破損部分を取り除き、アスファルトで補修・観察とする。
	下部工、桁下の状況
	桁下は河川敷きであるが洗掘などの変状は認めない。橋脚、橋台へは伸縮部からの漏水がある。

損傷事例 24

橋　名	三ノ瀬橋（さんのせばし）
上部工	鋼桁橋（鉄道レール＋枕木床版）
下部工	逆T式橋台、壁式橋脚
竣　工	昭和40年以前
管理者	三豊市
調査日	平成20年11月21日
備　考	鉄道の廃線資材を再利用して建設。

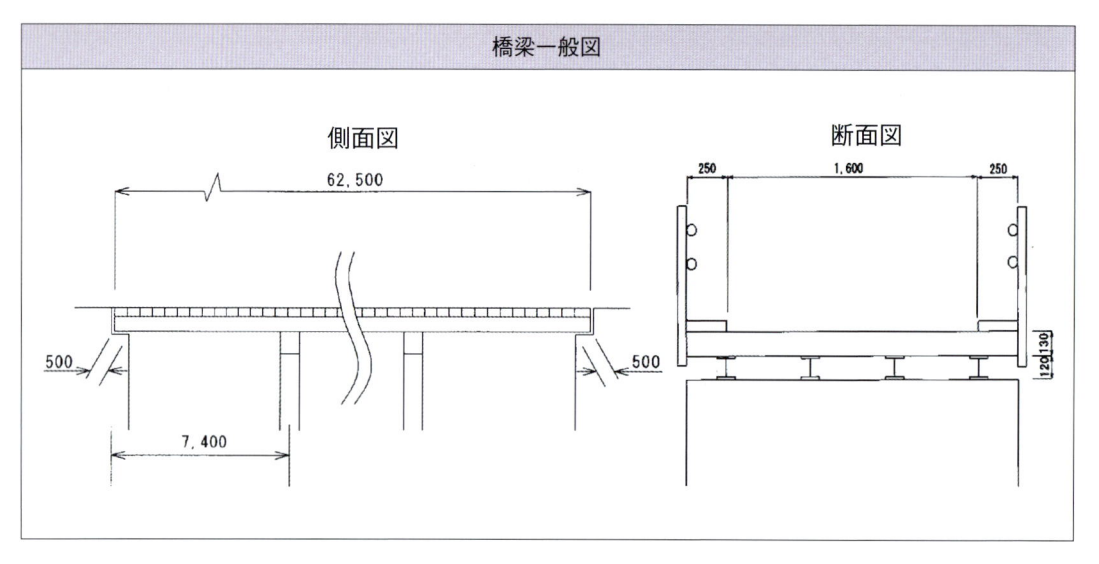

橋梁一般図

側面図　　　　　　　　　断面図

損傷着目事項	鉄道枕木床版の劣化
損傷状況	鉄道資材のリサイクルによる木製床版に割れなどの破損が見られる。またレール利用による桁の耐荷力が不明である。
対策レベル	E　通行規制を行い、急ぎ対策する必要がある
対策レベルの説明	はっきりとした規制が必要な状況である。 歩道専用橋とするにしても、安全確認の調査・最低限の整備が必要である。
補修補強対策へのコメント	歩行者専用橋として認定するためには、昭和15年発行の「木道路橋設計示方書（案）」などを参考に耐力照査を行うことになる。 また木橋の点検に当たっての着眼点は以下の通り。 ①接合部の損傷：接合部が最も構造上の弱点となりやすい ②腐朽：湿気の影響が大きい。主桁と床版の接合部など ③割れ：乾燥で生じる割れは、強度面での直接の低下とはならないが、利用者のケガや、腐食発生の原因となる
今後の維持管理に向けて	特殊形式の橋梁であり、鉄道レールの桁としての耐荷力評価なども検討が必要である。

●第4章● 損傷事例報告

損傷状況	コメント
	橋面の状況
	鉄道レールを主桁とし、その上に枕木を並べた形式となっている。高欄の代わりにワイヤーが張られている。
	床版の損傷状況
	枕木はワイヤーで束ねられている。割れが目立ち、欠損して下が見える箇所もある。
	通行止めの状況
	バリケードで通行止めとしているが、歩行者の通行は可能な状況である。
	床版下面の鉄道レールの状況
	鉄道レールが4列並べられており、腐食が進行している。

103

損傷事例 25

橋　名	赤岡橋（あかおかばし）
上部工	木橋（5径間の1径間分はH桁橋）
下部工	重力式橋台、3柱式橋脚
竣　工	昭和46年
管理者	観音寺市
調査日	平成21年6月26日
備　考	

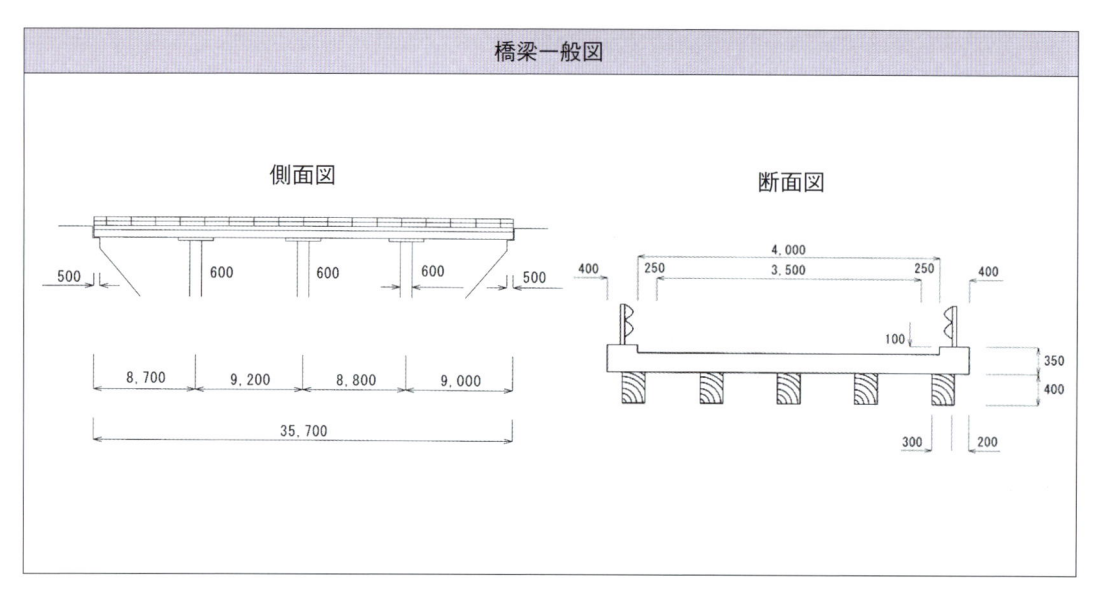

橋梁一般図

側面図　　　　　　断面図

損傷着目事項	主桁（木製）の腐食
損傷状況	漏水の著しい主桁（木製）の端部が激しい腐食により圧壊しており、それに伴い路面も陥没している。
対策レベル	E　通行規制を行い、急ぎ対策する必要がある
対策レベルの説明	既に本橋梁は車両通行止めとなっている。しかし、生活道として歩行者等が利用している。また、近傍に迂回可能な橋梁もあることから、橋梁の撤去も含めた早急な対策検討が必要である。
補修補強対策へのコメント	主桁が木製であり、端部は腐食により圧壊している。よって、現在の主桁を補修や補強により長寿命化することは非常に困難である。また、本橋梁の直近に迂回可能な橋梁があり、車両用橋梁として存続する必要はないと判断できる。よって、既設下部工を活用し新たな歩道橋としての新設上部工を架けるか全て撤去するかの対応が適切である。
今後の維持管理に向けて	今後の対応について、本橋梁を利用している周辺住民とのコンセンサスを得ることが望ましい。

●第4章● 損傷事例報告

損傷状況	コ　メ　ン　ト
	主桁（木製）端部が腐食により圧壊
	木製の主桁端部が漏水により腐食し圧壊している。それにより路面も沈下し段差が生じている。
	橋面の沈下
	木製主桁の圧壊により橋面が沈下し段差が生じている。その段差をアスファルトで擦りつける対策を実施している。
	腐食した木製主桁をＨ型鋼に置換
	過去に腐食した木製主桁端部を切断し、Ｈ型鋼に置き換える対策を施している。
	床版型枠用の木材の腐食
	床版型枠用の木材が腐食している。特に漏水が多い箇所の腐食が激しい。

損傷事例 26

橋　名	森広橋（もりひろばし）
上部工	鋼H桁橋（3径間）
下部工	逆T式橋台（推測）、4柱式橋脚
竣　工	昭和41年10月
管理者	東かがわ市
調査日	平成21年8月24日
備　考	交通量少ない

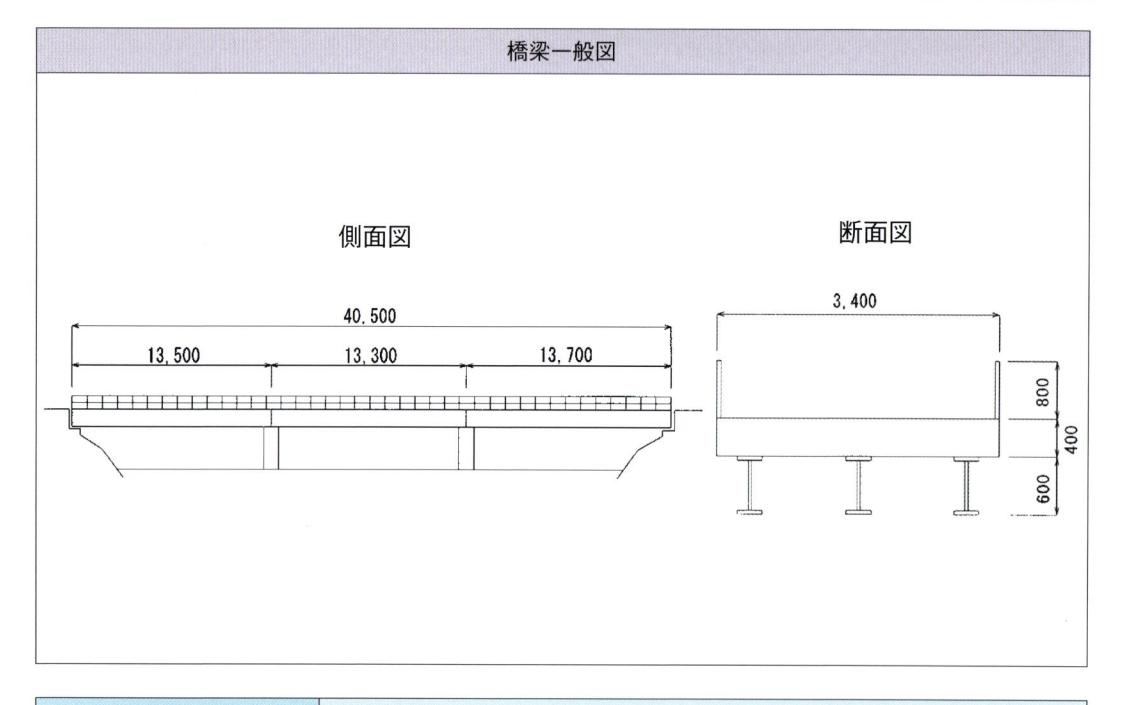

橋梁一般図

側面図　　　断面図

40,500 (13,500 / 13,300 / 13,700)
3,400
800 / 400 / 600

損傷着目事項	木製床版の劣化
損傷状況	アスファルト舗装に著しいひび割れと部分陥没が見られる。下面から見ると対応する位置の木製床版に水の浸潤による腐食がある。
対策レベル	E　通行規制を行い、急ぎ対策する必要がある
対策レベルの説明	車両の通行により、確認されている箇所以外でも舗装陥没の恐れがある。
補修補強対策へのコメント	桁・支承の塗装は塗替えしなければならない状況ではあるが、それより先に木製床版が抜け落ちる可能性がある。しかし床版の構造、材質がどのようなものか不明な状況であり、明確な対策方針は定められない。更新することも視野に置き、まず劣化状況調査を行うことが必要である。
今後の維持管理に向けて	補修・更新費用がかさむ場合には、人道橋として通行規制を行い、比較的軽微な補修で観察することも一案である。

●第4章● 損傷事例報告

損傷状況	コメント
	木製床版の腐食
	桁下を見上げると木の角材を並べた床版であることがわかる。床版の黒く見える部分は浸水し腐食した部分で、この上部のアスファルト舗装が傷んでおり、部分的に陥没したところがある。
	舗装の陥没部分
	舗装は何度かオーバーレイされたようで（記録不明）、10cm以上の厚さとなっている。ひび割れの下は土砂化している。すぐ横には雑草が茂っている。
	支承の腐食
	台座部分は乾いた状態であったが土砂堆積も認められるので、降雨時には桁端からの漏水があるものと思われる。支承は腐食が進行し、既に機能障害の懸念があり補修が必要である。
	鋼桁の塗装劣化
	塗膜が劣化し、部分的に下地が腐食して見えており、塗替えが必要な状況である。

損傷事例 27

講座対象外橋梁 1	
上部工	連続 RC 桁橋（3径間）
下部工	不詳
竣　工	昭和 8 年 3 月
調査日	平成 20 年 6 月 27 日
損傷名	中性化、ひび割れ、鉄筋露出
備　考	平成 20 年 6 月現在、車両通行止め。

損傷状況	コメント
	中性化による中間支点上コンクリートの損傷 本橋は 3 径間連続橋で、写真に示した中間支点上だけでなく、端支点上の断面においても大きな損傷を受けている。そのため、すでに車両が進行できないように車止めが設置されている。しかし、農業用のトラクターなどの軽車両は通行している。

損傷着目事項	中間支点上コンクリートの剥離、鉄筋露出
損傷状況	コンクリートの中性化により鉄筋周囲の不動態被膜が破壊され、鉄筋の腐食・膨張に伴う中間支点上コンクリートに剥離と鉄筋露出が発生している。
対策レベル	E　通行規制を行い、急ぎ対策する必要がある
対策レベルの説明	既に橋の両側では車両が進入できないように規制されている。しかし、農耕用トラクターなどは通行しており、早急に今後の対応を検討する必要がある。
補修補強対策へのコメント	以前は国道橋として使用されていたが、新規に道路を建設したことに伴って国道橋としては使われなくなった橋である。本橋の 400 m 程上流には立派な橋が架けられており、車両の通行用には不要な橋である。しかし、歩行者や農耕用のトラクターの通行を許容するかどうかの判断が必要。
今後の維持管理に向けて	架設年次が昭和 8 年とかなり古く、交通の利便上からもメリットが少なく、積極的に補修補強する必要性は見出せない。このまま歩行者用として様子を見つつ、将来は撤去することを検討すべきである。

第4章 損傷事例報告

損傷事例 28

	講座対象外橋梁2
上部工	RC 桁橋
下部工	重力式橋台
竣工	昭和34年
調査日	平成21年1月9日
損傷名	塩害、鉄筋露出、コンクリート剥離
備考	過密配筋となっている。

損傷状況	コメント
	塩害による鉄筋腐食とコンクリートの剥落
	塩害によるコンクリート主桁の損傷が著しい。耐荷性能を調べ、交通制限などの検討が必要である。

損傷着目事項	RC主桁コンクリートの剥離、鉄筋露出
損傷の状況	塩害による鉄筋の腐食・膨張の進行によりコンクリー主桁断面が広範囲に剥落している。
対策レベル	E / 通行規制を行い、急ぎ対策する必要がある
対策レベルの説明	写真のコンクリート主桁は耐荷性能を期待できない。荷重制限などの処置をとる必要がある。
補修補強対策へのコメント	コンクリート主桁断面を補修・補強することは困難であり、早急に交通制限を実施し、架替えを含めた対応方針を検討する必要がある。
今後の維持管理に向けて	橋梁の耐荷性能を検討し、交通制限の実施や架替えを含めた対策検討が必要である。

損傷事例 29

	講座対象外橋梁3
上部工	RC張出し桁橋（3径間）
下部工	ラーメン式橋脚
竣　工	昭和2年
調査日	平成21年1月9日
損傷名	塩害、ひび割れ、鉄筋露出
備　考	両端部に支点がない張出し径間を持つ単純橋。

損傷状況	コメント
	塩害による鉄筋腐食とコンクリートの剥離
	橋の両端部は支点が無い構造であり、通行車両による衝撃作用を強く受けていると予想される。補修・補強時には構造系を変える検討も必要と思われる。

損傷着目事項	RC主桁コンクリートの剥離、鉄筋露出
損傷状況	塩害により張出し径間先端部分（端支点位置）で鉄筋露出とコンクリート剥離現象が見受けられる。また中間支点付近のコンクリート断面でも側面に大きなひび割れが発生している。
対策レベル	C　早期（1～2年以内）に対策する必要がある
対策レベルの説明	橋の両端部のコンクリート剥離に続いて中間支点付近でも断面欠損が予想される。早い段階での対策が必要である。
補修補強対策へのコメント	補強実施時には端部に支点を設ける等の検討も必要である。
今後の維持管理に向けて	損傷の影響は橋の両端部と中間支点断面に現れることが予想される。指摘断面に対する継続的な点検を実施すること。

損傷事例 30

	講座対象外橋梁 4
上部工	鋼 I 桁橋
下部工	不詳
竣工	不詳
調査日	平成 21 年 1 月 9 日
損傷名	塗装の劣化、腐食
備考	路線バスが通行する。

損傷状況	コメント
	支承近傍の発錆
	既に橋全体に腐食が広がっており、バス路線上の橋であることから、早い時期での補修が望ましい。

損傷着目事項	鋼桁の腐食
損傷状況	橋全体で腐食が進行しているが、特に支点付近で顕著である。
対策レベル	C　早期（1～2年以内）に対策する必要がある
対策レベルの説明	架橋位置が山間部であり腐食が急激に進行する懸念は少ない。そのため、数年以内に対策を実施すればよいとした。
補修補強対策へのコメント	バス路線上の橋であり、錆を取り除いた後の板厚を調べ、橋の耐荷力を調べる必要がある。
今後の維持管理に向けて	点検により腐食進行状況を把握すること。また、漏水対策を併せて考える必要がある。

損傷事例 31

講座対象外橋梁 5	
上部工	RC床版橋
下部工	重力式橋台
竣 工	不詳
調査日	平成21年8月5日
損傷名	ひび割れ
備 考	洪水の後に発見される。

損傷状況	コメント
	橋台ひび割れ
	洪水時の橋台前面の洗掘の影響で橋台に発生した水平ひび割れと予想される。道路管理者の印象として、ひび割れ幅が進行している懸念あり。

損傷着目事項	橋台の水平方向ひび割れ	
損傷状況	出水時の洗掘に伴う地盤沈下によるものと推測される。	
対策レベル	B	状況を継続観察し、数年以内に対策を決めるのがよい
対策レベルの説明	当面はひび割れ幅の変化を継続観察して原因を調べるのが良い。	
補修補強対策へのコメント	点検を継続し、ひび割れの進展が見られなければ、ひび割れ部分に樹脂を注入するなどの補修を行うと良い。	
今後の維持管理に向けて	洪水後にひび割れ幅の変化を調べ、ひび割れの進展性について確認すること。	

損傷事例 32

講座対象外橋梁 6	
上部工	RC 床版橋
下部工	重力式橋台
竣 工	不詳
調査日	平成 21 年 10 月 9 日
損傷名	コンクリート剥離、鉄筋露出
備 考	施工不良（鉄筋かぶり不足）。

損傷状況	コメント
	床版橋下面コンクリートの剥離、鉄筋露出 鉄筋のかぶりが少なく、鉄筋の腐食・膨張が発生し、広範囲にコンクリートが剥落している。

損傷着目事項	床版橋下面コンクリートの剥離と鉄筋露出	
損傷状況	床版下面のコンクリートが広範囲に剥離し、鉄筋が露出している。	
対策レベル	E	通行規制を行い、急ぎ対策する必要がある
対策レベルの説明	自動車は通行しないため交通規制の必要はない。しかし中学生が自転車等の通学に朝夕使用しているので、早急な対策が必要である。	
補修補強対策へのコメント	損傷状況や橋の規模を見ると、補修・補強対策ではなく架替えが良い。	
今後の維持管理に向けて	近い将来河川改修が予定されているため、工事を先取りする形で架替えると良い。	

損傷事例 33

	講座対象外橋梁 7
上部工	鋼床版箱桁橋
下部工	不詳
竣工	不詳
調査日	平成 18 年 5 月 28 日
損傷名	アルカリ骨材反応
備考	本橋は、道路改修により撤去することになっている。

損傷状況	コメント
	橋脚張出し部に ASR による網目状のひび割れ
	中間橋脚張出し部下面に ASR による幅 2 mm のひび割れが発生している。ひび割れ幅は大きいが、漏水や遊離石灰の析出は見受けられない。

損傷着目事項	ASR による橋台、中間橋脚の劣化
損傷状況	中間橋脚横梁の下面に幅 2 mm の網目状のひび割れが発生。ひび割れ部から漏水や遊離石灰の析出は見受けられない。
対策レベル	B　状態を継続観察し、数年以内に対策を決めるのがよい
対策レベルの説明	漏水や遊離石灰の析出が見受けられず、道路改修に伴って撤去する予定となっており、経過観察を継続するのが良い。
補修補強対策へのコメント	漏水や遊離石灰の析出は見られないため、コンクリート表面の防水工によりコンクリート内部への水分補給を防ぐと良い。
今後の維持管理に向けて	損傷が急激に進行することはないと思えるが、交通量が多いことから撤去時まで継続的に観察する必要がある。

損傷事例 34

講座対象外橋梁 8	
上部工	鋼床版 I 桁橋
下部工	不詳
竣工	不詳
調査日	平成 21 年 12 月 20 日
損傷名	支承部の損傷
備考	地震時に落橋の恐れあり

損傷状況	コメント
	支承下部コンクリートの剥離
	支承下部のコンクリートが剥離し、支承がめり込んだ状態で安定している。歩道橋で緊急的な処置の必要はないが、橋本体の落橋に繋がる損傷であり、対策が必要である。

損傷着目事項	支承下部のコンクリートの剥離と支承の沈下
損傷の状況	支承下部分のコンクリートが支圧破壊により剥離し、それに伴って支承が沈下している。
対策レベル	C　早期（1～2年以内）に対策する必要がある
対策レベルの説明	支承部分における重大損傷であるが、歩道橋なので、早期に対策すれば良いとした。
補修補強対策へのコメント	桁掛かり長が少ないために支圧破壊が発生している。地震時に落橋する恐れもあり、橋台天端の拡幅を一緒に行う必要がある。
今後の維持管理に向けて	歩道橋で緊急に対応する必要はないが、学童の通学路であり、地震時に落橋の恐れがあることから、対策を考える必要がある。

4.3　損傷の経年変化事例

　予防保全に基づく橋の維持管理では、点検結果から損傷を評価し、橋の重要度に応じて補修・補強に着手する対策レベルを決定している。その際、国道や主要地方道の橋では、橋の損傷が軽微な段階で補修対策を実施する維持管理方法が採用されるが、市町村が管理する橋では、道路の使用状況や予算上の制約から対策の実施が先送りとなることも予想される。この時、時間の経過に伴う損傷の進行を予測出来ることが大切である。また、橋梁長寿命化修繕計画で使用する「部材の劣化曲線」は、実際の橋の経年に伴う損傷の進行を反映することにより、より精度が高いものとすることが出来る。

　ここでは、香川高専・太田研究室で実施してきた橋の損傷調査により得られた、経年に伴う損傷の進行状況を紹介する。対象橋梁は平成16年から17年にかけて調査した約250橋で、調査から概ね5年経過した平成21年度に再調査を実施している。約5年の時間経過後に同一損傷箇所を調査した結果、前回損傷が確認された橋梁で目に見える進展が見られないものが2／3程度あったが、残りの1／3程度は損傷の進展が見受けられた。また、下部工におけるコンクリート剥離・鉄筋露出の損傷範囲が著しく拡大している例や、鋼材腐食の急激な進行に伴う断面欠損など、構造物の耐久性や耐荷力に影響する現象も見られた。次ページ以降、次に示す損傷種類別に5年間の時間経過に伴う損傷の進行状況をそれぞれ3例ずつ紹介する。

① 鋼材の腐食
② 剥離・鉄筋露出（床版）
③ 剥離・鉄筋露出（下部工）
④ 橋台・橋脚のひび割れ
⑤ アルカリ骨材反応
⑥ 遊離石灰

経時変化事例 1

鋼材の腐食	
橋梁名	丸亀橋
部材名	主桁
構造形式	鋼 I 桁橋
竣工年月	昭和 61 年
コメント	

・塗膜の劣化による下塗り表出面積の拡大を確認できたが、腐食に関しては目立った変化はなく、部分的に錆が生じている程度である。

平成 16 年 8 月 1 日　撮影	平成 21 年 11 月 9 日　撮影

経時変化事例 2

鋼材の腐食	
橋梁名	御山大橋
部材名	主桁側面
構造形式	鋼 I 桁橋
竣工年月	昭和 47 年 3 月
コメント	

・塗替えの際、ケレンが不十分であったためか、平成 17 年時点でうきを生じていた塗膜部分が剥落し、錆が生じている。

平成 17 年 7 月 30 日　撮影	平成 21 年 12 月 20 日　撮影

経時変化事例 ❸

鋼材の腐食	
橋梁名	高橋
部材名	支承部周辺
構造形式	鋼H桁橋
竣工年月	昭和43年3月
コメント	

- 海岸から約1km地点に位置する橋梁である。
- 支承部周辺の腐食が著しく、下フランジ、補剛材及び支承に断面欠損を伴う腐食が進行していた。桁からの漏水が腐食に拍車をかけていると推察される。

平成17年10月21日　撮影	平成21年10月9日　撮影

経時変化事例 ❹

剥離・鉄筋露出（床版）	
橋梁名	郷東橋
部材名	床版張出し部
構造形式	鋼I桁橋
竣工年月	昭和43年5月
コメント	

- ひび割れ部から遊離石灰が析出していた箇所の両端に鉄筋露出が発生している。
- 鉄筋のかぶり不足、漏水に伴う中性化より鉄筋腐食が加速されたのではないかと考えられる。

平成17年10月21日　撮影	平成21年10月9日　撮影

経時変化事例 5

剥離・鉄筋露出（床版）	
橋梁名	三本杉橋
部材名	床版下面
構造形式	鋼H桁橋
竣工年月	昭和49年11月
コメント	

- 平成16年の調査時点では、床版下面に遊離石灰の析出が見られる程度であったが、かぶりの小さい部分でうきを伴うひび割れが発生し、鉄筋が露出している状態となっている。

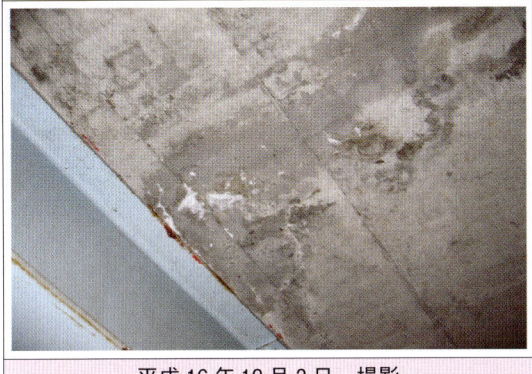

平成16年12月3日　撮影	平成21年10月16日　撮影

経時変化事例 6

剥離・鉄筋露出（床版）	
橋梁名	常包橋
部材名	床版下面
構造形式	RC T桁橋
竣工年月	昭和8年3月
コメント	

- コンクリートにうきが生じている箇所、鉄筋露出の範囲が拡大している。損傷部への漏水および中性化が影響していると考えられる。
- 本橋は平成16年の調査時から車両通行止めとなっている。

平成16年12月3日　撮影	平成21年10月16日　撮影

経時変化事例 7

剥離・鉄筋露出（下部工）	
橋梁名	香東大橋
部材名	橋台正面
構造形式	単純鋼I桁橋
竣工年月	昭和45年3月

コメント

- 平成16年の調査では、特に損傷が確認されなかった箇所から小規模な鉄筋露出が生じている。表面保護工法による補修がされていることから、同様の鉄筋露出に対して、断面修復補修、表面保護されたものが再劣化したと推定する。

平成16年12月3日　撮影　　　　平成21年10月16日　撮影

経時変化事例 8

剥離・鉄筋露出（下部工）	
橋梁名	成合橋
部材名	橋脚正面
構造形式	RCゲルバーT桁橋
竣工年月	昭和46年1月

コメント

- 前回うきを伴うひび割れが生じていた箇所で、コンクリートの剥落、新たな鉄筋露出が生じている。
- 鉄筋の腐食は進行しており、手で簡単に崩れる状態である。

平成17年1月21日　撮影　　　　平成21年11月27日　撮影

経時変化事例 9

剥離・鉄筋露出（下部工）	
橋梁名	天神橋
部材名	橋脚横梁
構造形式	PC プレテン床版橋
竣工年月	昭和 41 年 10 月
コメント	

・上部からの漏水により、鉄筋露出が広範囲となっている。

平成 17 年 7 月 30 日　撮影 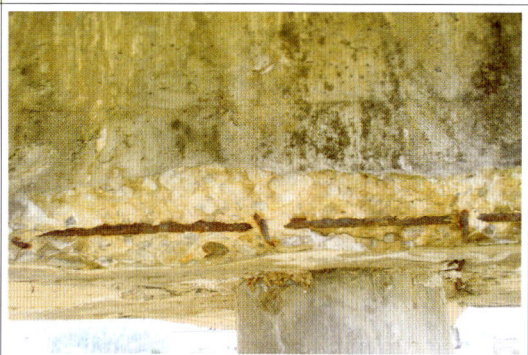　　　平成 21 年 12 月 20 日　撮影

経時変化事例 10

ひび割れ	
橋梁名	祓川橋
部材名	橋脚正面
構造形式	RC ゲルバーT 桁橋
竣工年月	昭和 11 年 9 月
コメント	

・橋脚水平方向に最大幅1.2mm で発生していたひび割れがうきを伴い1.8mm へと拡大している。

平成 16 年 10 月 23 日　撮影 　　　平成 21 年 10 月 16 日　撮影

経時変化事例 11

橋台のひび割れ	
橋梁名	乙井大橋
部材名	橋台パラペット
構造形式	鋼 I 桁橋
竣工年月	昭和 54 年 3 月
コメント	

- 橋台パラペット鉛直方向に発生しているひび割れ最大幅が 4 mm から 5 mm に拡大している。本橋の地覆には、橋軸方向に段差を伴うひび割れが生じていることから、ASR によるひび割れではないかと推定する。

平成 16 年 10 月 23 日　撮影　　　　平成 21 年 11 月 9 日　撮影

経時変化事例 12

橋台のひび割れ	
橋梁名	炭所大橋
部材名	橋台天端
構造形式	鋼箱桁橋
竣工年月	平成 7 年 2 月
コメント	

- 段差を伴う伴うひび割れが幅2.2mm から5.0mm 程度に拡大している。
- 基礎の不等沈下により発生したものではないかと推察される。

平成 16 年 12 月 3 日　撮影　　　　平成 21 年 10 月 16 日　撮影

経時変化事例 13

アルカリ骨材反応	
橋梁名	無名橋
部材名	橋台正面
構造形式	RCT 桁橋
竣工年月	不明
コメント	

- 橋台に網目状のひび割れが複数生じており、ASR によると考えられる。
- コンクリートのうきが前調査よりもわずかに拡大していた。コンクリートの膨張がまだ止まっていないと推定する。

平成 17 年 10 月 21 日　撮影　／　平成 21 年 10 月 9 日　撮影

経時変化事例 14

アルカリ骨材反応	
橋梁名	屋島大橋
部材名	橋台張出し部下面
構造形式	PC ポステン I 桁橋
竣工年月	昭和 57 年 3 月
コメント	

- 平成 17 年に幅を測定したひび割れ部が反応生成ゲルの析出により埋まってしまい測定することができない状態となっている。ひび割れ形状の進展は見受けられない。

平成 17 年 10 月 28 日　撮影　／　平成 21 年 10 月 9 日　撮影

経時変化事例 15

アルカリ骨材反応	
橋梁名	滝山橋
部材名	橋台側面
構造形式	鋼方杖ラーメン橋
竣工年月	昭和46年3月
コメント	

・ひび割れ形状の進展は見られず、ひび割れからの反応生成ゲルの析出が増加している。沓座面の植物が増殖していることから、沓座面からの水の浸透が懸念される。

平成16年12月19日　撮影	平成21年10月16日　撮影

経時変化事例 16

遊離石灰	
橋梁名	新山田橋
部材名	床版張出し部
構造形式	PCポステンT桁橋
竣工年月	昭和54年3月
コメント	

・平成17年に漏水の生じていたひび割れから遊離石灰が析出する状態となっている。床版張出し部および主桁側面に生じている右斜め上方向のひび割れに進展は見られない。

平成17年7月30日　撮影	平成21年12月20日　撮影

経時変化事例 17

遊離石灰	
橋梁名	石井橋
部材名	床版下面
構造形式	PC プレテン床版橋
竣工年月	昭和47年3月
コメント	

- 床版間詰め部からの遊離石灰の析出が増加している。錆汁は見られない。このまま放置すると、PC桁横締め鋼材の腐食破断を引き起こす懸念がある。

平成17年7月30日　撮影  ／ 平成21年12月20日　撮影

経時変化事例 18

遊離石灰	
橋梁名	綾川橋
部材名	床版下面
構造形式	PC プレテンT桁橋
竣工年月	昭和47年3月
コメント	

- 床版間詰め部からの遊離石灰析出の著しい増加。橋面防水が効いていない。錆汁が発生する状態とはなっていないが、間詰め部床版の鉄筋腐食が懸念される。

平成17年7月30日　撮影  ／ 平成21年12月20日　撮影

第5章 橋の長寿命化修繕計画

5.1 橋の長寿命化対策

5.1.1 市町村管理橋梁の特徴

　市町村道の橋梁について国道、県道と比較してみた場合、以下の特徴が挙げられる。

①2等橋として設計された中小径間の橋が多く、大型車の通行や増大する交通量を必ずしも当初から想定していない橋が多い。

②地元住民の生活道路となっており、日常生活（通勤、通学、買い物）に重要な橋梁が多い。

③新しい道路が整備されたことで、自動車道としてほとんど利用されなくなっている場合がある。特に山間部に位置する旧道の橋では人も車もほとんど通行していないこともある。

④国道、県道が新たに建設されたことから市町村道に降格となった路線も多い。このような路線の橋は建設からの経過年数が長く老朽化していて、補修が実施されて市町村へ移管されるケースが多い。しかし交通量は建設当初より少なくなるものの、地域にとって重要路線に位置していることには変わりない。[**写真5-1**]

⑤特に古くから同じ位置に何代にも渡って架けられている橋は、地域にとってそこが昔から要衝である証拠であり橋の価値は高い。このように旧道に建設された橋には、長く地元に親しまれ地域のランドマークとなっている橋もある。

　上記のことは当然すべての市町村道の橋梁に当てはまるわけではないが、市町村道の橋は、必ずしも国道、県道と同じレベル・同じ形態の管理を求められている橋ばかりではないと言える。多くの交通量を支える機能というより、地域の生活道路として存在することが求められている橋も多いのではないだろうか。

　橋梁長寿命化修繕計画の立案に当たっては、上記のことを念頭に置き、橋の置かれた状況をよく理解し、きめ細かな管理方針を持って維持管理に当たることが重要と考えられる。

写真5-1　香川県さぬき市の津田川橋
昭和10年に旧国道11号に建設された1等橋で、丸みをつけた親柱と、アーチを描く高欄が特徴的な橋である。第4章の損傷事例9を参照のこと。

5.1.2　市町村での維持管理上の課題

　維持管理上の課題として以下のことが挙げられる。
①橋梁台帳など管理資料がこれまで十分整備されておらず、また点検記録もなかったりし、修繕計画に当たって迅速な技術判断が難しい場合が多い。
②維持管理（清掃、塗替え、補修）ルールがこれまでなく、十分な管理がされてきていない橋が多い。
③維持管理費、特に補修・更新予算が十分でなく、修繕が先送りにされてきた橋が多い。
④維持管理に当たる技術職員が不足しており、橋梁を専門とするベテラン職員はほとんど不在という状況にある。

　このような課題の中で橋梁の長寿命化修繕計画策定に向け、市町村の管理者は橋梁点検と台帳整備を進めていくことが求められており、対応に腐心している。

　長大橋や特定の特殊形式の橋（吊橋、トラス橋、斜張橋、アーチ橋等）の点検・診断は外部の専門家に依頼することで当面はよいかもしれない。しかし、圧倒的多数を占める単一径間の桁橋、床版橋などの中小橋梁まで5年ごとに外部に委託することは経済的な負担も多い。構造がシンプルで管理パターンが標準化しやすい中小橋梁の点検・維持管理は独力で実施できることが望ましく、そのためには身近に居てきめ細かな支援（アドバイス）をしてくれるホームドクター機能（駆け込み寺機能）を持つ存在が求められている。

　このような事態に対して、国ならびに県の管理者も支援に乗り出してきており、国土交通省は道路管理者のための研修・教育に力を入れると同時に、平成20年4月に（独）土木研究所に、道路橋の安全管理のための機関「道路構造物メンテナンスセンター（CAESAR：シーザー）」を設置した。CAESARは、道路橋の健全度評価、補修、補強対策に関する問題解決の中央拠点として位置付けられている[1]。

　また、平成21年度からは、各地方整備局に道路構造物の保全を担当し、自治体の橋梁管理の支援をする担当官「道路保全企画官」「道路

構造保全官」が設置された。これにより、自治体からの要請に応じて、橋梁維持管理の問題点に「CAESAR」と連携しながらの支援が可能となっている。

NPO 法人「橋守支援センター」は、技術支援のボランティア組織で、「橋守（はしもり）」の精神を持った人材と企業を支援・教育する組織として平成 13 年に発足している。また事故・災害時には復旧の専門家をボランティアで派遣する活動をしている[2]。

香川高専の「実践的橋梁維持管理講座」もこのような背景のもとに、地域のホームドクター的支援を目指して香川県内の自治体向けに平成 20 年開講したものである。

5.1.3　市町村の課題に立った要望

市町村の維持管理支援に向けて各種組織ができつつある状況であるが、その中でも国へのマニュアル整備の要望は大きい。

橋梁点検に関しては、交通量の少ない自治体の橋梁に関しては簡略版の橋梁点検マニュアル「道路橋に関する基礎データ収集要領（案）」[3]が平成 19 年に公表され、多くの自治体がこれに準拠、ないし一部自治体固有の事情を組み込んだマニュアルを作成して橋梁点検を実施している。香川県の「橋梁点検要領（案）」[4]も同様で、県の事情を若干書き加えているが同要領（案）をベースとしている。このように標準化されたマニュアルによる点検調書は、ある意味全国共通言語で記載されていることになり、今後の技術情報の交換・互換性に大きく寄与して行くものと思われる。

しかしながら、点検調書がまとまってからの次ステップである、補修判断、補修優先順位決定、通行規制の必要性判断等に関しては未だ公表されたマニュアルがなく、各自治体が個別判断を任されている状況にある。これらマニュアルを自治体が個別に作成することは、費用負担が大きいばかりでなく、対策方針・基準のばらつきとなり今後補修実施にあたって現場の混乱を招く懸念がある。また、今後の自治体同士での技術情報互換性の障害となり、ひいては技術進歩の足かせとなる恐れともなる。

市町村の管理者の立場から整備要望の高いマニュアルとしては以下のものがあると思われる。

①橋梁点検結果をどのように読み取って、対策判断をどのような基準で行うか。
②管理する複数の橋梁で同じような重大損傷に接した時、対策・補修優先順位をどのような方針で決めるか。
③補修工事の前に、どのような調査・診断・補修設計を行ったらよいのか（調査・診断・補修マニュアル）。
④大型車の通行規制を段階的に行うための簡易診断法（橋梁形式、諸元、架設年次等、橋梁調書、点検記録から読み取れる情報による耐荷性能診断）
⑤事後評価手法、事業実施後の評価はどのようにまとめるか。

これらマニュアル類はぜひ国が全国に率先して作成整備に取り組むべきと考える。

5.1.4　橋の架替え理由

国土交通省は橋の架替え理由の調査を、建設省時代から実施しており、一般国道、主要地方道、一般都道府県道の橋長 15 m 以上の橋（総数約 56,000 橋）を対象として、道路管理者へのアンケート調査で過去 4 回実施している（昭和 52 年度、昭和 61 年度、平成 8 年度、平成 18 年度）[5]～[8]。

ここでは平成 18 年度の調査結果［図 5-1］～［図 5-4］を引用して、橋の架替え理由を分析してみる。

● 第 5 章 ● 橋の長寿命化修繕計画

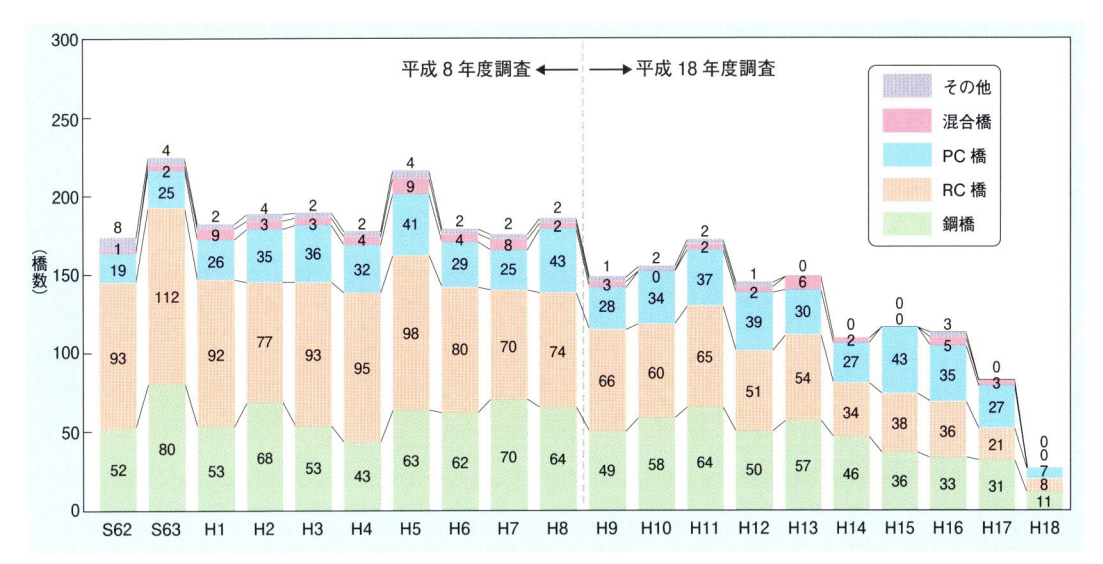

図 5-1 年度別架替え橋梁数と橋種内訳

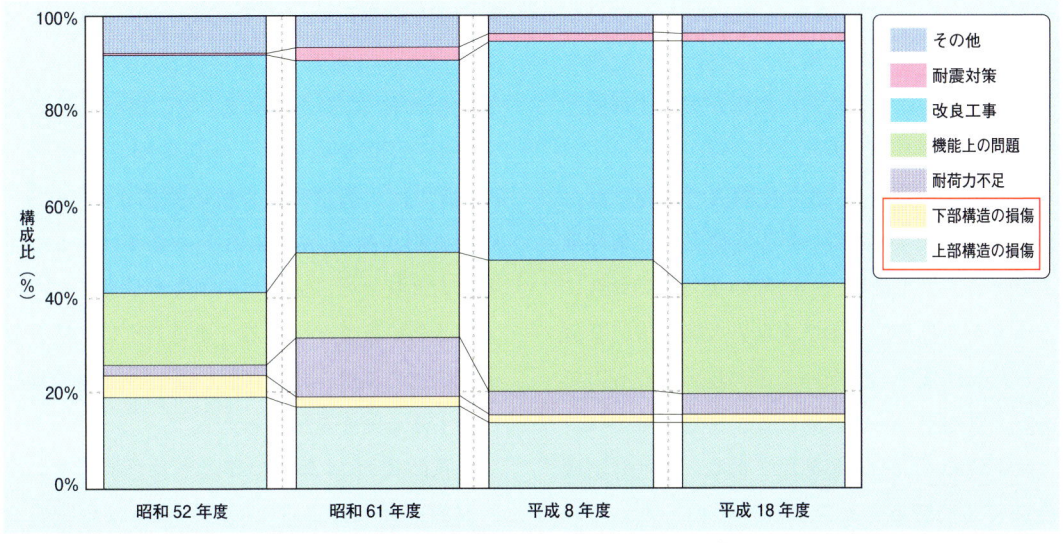

図 5-2 各年度における架替え理由の構成比

　[図 5-1]は昭和 62 年から平成 18 年までの架替え橋梁の橋種別内訳である。

　この表より、年ごとの架替え橋梁数は昭和 63 年をピークに減少傾向にあり、特に平成 9 年以降の減少が目立つ。年間架替え橋梁数は、平成 9 年度以降で見るとおおよそ毎年 100 ～ 150 橋程でこれは対象橋梁の 0.2 ％程であり、単純に換算すると 500 年で入れ替わる計算となる。

　橋種で見てみると絶対数は RC 橋の架替えが鋼橋よりも平成 12 年度までやや多い状況であったのが、その後顕著に少なくなっている。PC 橋の架替えは絶対数は少ないが、架替え総数に占める比率は平成 15 年度以降増加している。ただし橋種による比較は、対象橋梁が 15 m 以上であり、RC 橋の多い 15 m 未満の橋を含めた場合は比率は変わると考えられる。

　[図 5-2]は各年度における架替え理由の構成比である。下部構造の損傷、上部構造の損傷が理由で架替えられた橋は 20 ％程（5 橋に 1 橋）で、最も多いのは改良工事（道路線形改良、河川改修等）、次いで機能上の問題（幅員

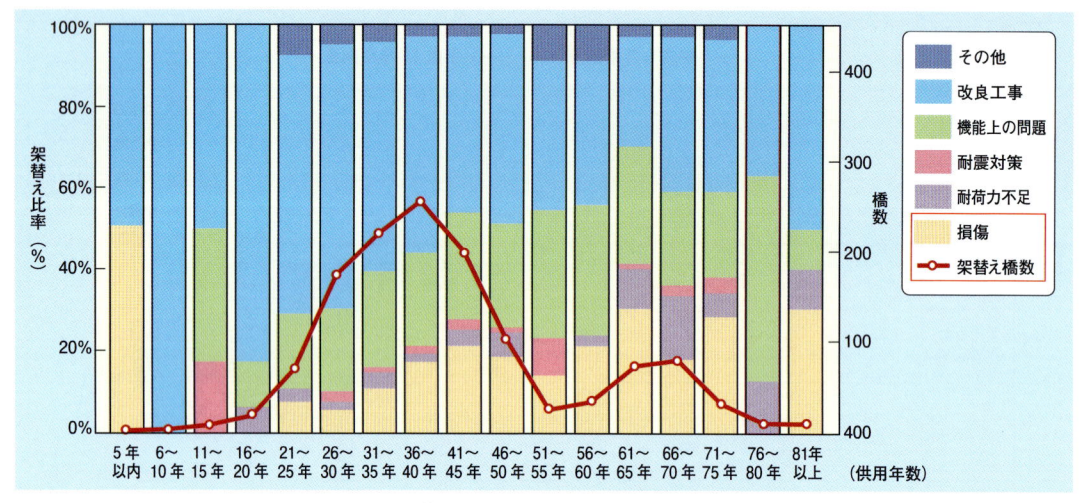

図 5-3　供用年数別の架替え橋梁数と架替え理由

狭小等）である。つまり、橋が傷んだことによる架替えは対象橋梁の 0.04％程でしかない。また、損傷のうち下部構造と上部構造を比較すると、圧倒的に上部構造の損傷が架替え理由となっている割合が多い。

［図 5-3］は平成 18 年度調査で確認された 1,342 橋の供用年数別の架替え橋梁数と架替理由である。供用後 51 〜 60 年の架替え橋梁数にくぼみがあるのは、第 2 次世界大戦直後に架設された橋が極端に少ないことに起因したものである。供用後 36 〜 40 年にピークがあるのは、これが昭和 41 〜 46 年架設であり、高度経済成長期後期で数多く架設されたためと考えられる。

架替え理由で損傷が原因とされた橋の供用年数との関連をみると、供用後 21 〜 25 年あたりから損傷が原因の比率が増えてくる。供用後 61 〜 65 年で損傷を原因とする橋の比率が最大の 30％程となっているが、これは昭和 15 〜 20 年の第 2 次世界大戦中に架設された橋に相当する。第 2 次世界大戦以前に架設された橋に関して、損傷が原因とされる比率は多くなる傾向とはなっておらず、必ずしも供用年数が長ければ損傷が進んでいるとは言えないようである。

［図 5-4］は上部構造の損傷が理由で架替えられた計 167 橋の架替え理由の内訳を示したものである。鋼橋では鋼材腐食が約 50％、床版破損が約 30％を占める。RC 橋では鉄筋腐食や桁の損傷が約 50％、床版破損が約 30％、PC 橋では、鋼材腐食や桁の損傷が約 70％、床版破損が約 10％である。つまりいずれも主要耐力部材（桁、床版）の損傷が致命的になっているということである。逆を言えば橋梁長寿命化のためには、桁、床版の点検・維持管理に注力することが重要と言える。

大正時代の 14 年間に架設された橋のその後の経緯を追った貴重な報告[9]があるので紹介する。

これは、大正 15 年に内務省土木試験所発行の「本邦道路橋輯覧」に大正時代に架設された主たる道路橋 148 橋（RC 桁橋 27、RC アーチ橋 23、鋼桁 27、鋼トラス 43、鋼アーチ 13、吊橋等 15）が写真、図、設計諸元とともに整理されており、それらの橋がその後どのようになったか、昭和 62 年に当時の土木研究所によりアンケート調査が実施されたものである。その結果 48 橋に関して回答があり、判明したこととして以下のことが記述されている。

①昭和 62 年時点で現存する橋は 48 橋中 20 橋

●第5章● 橋の長寿命化修繕計画

写真5-2 京都 七条大橋
大正元（1912）年に架けられたコンクリートアーチ橋。現在までほとんど補修されることなく供用されている現役の道路橋。

表5-1 大正時代架設橋の架替え理由

架替え理由	橋数
構造物の損傷が著しく使用不能となったためまたは老朽化のため	5
道路の拡幅や線形改良等のため	16
河床の低下により下部工が洗掘したため	1
設計荷重などの設計要因が変化したため	1
不明	6

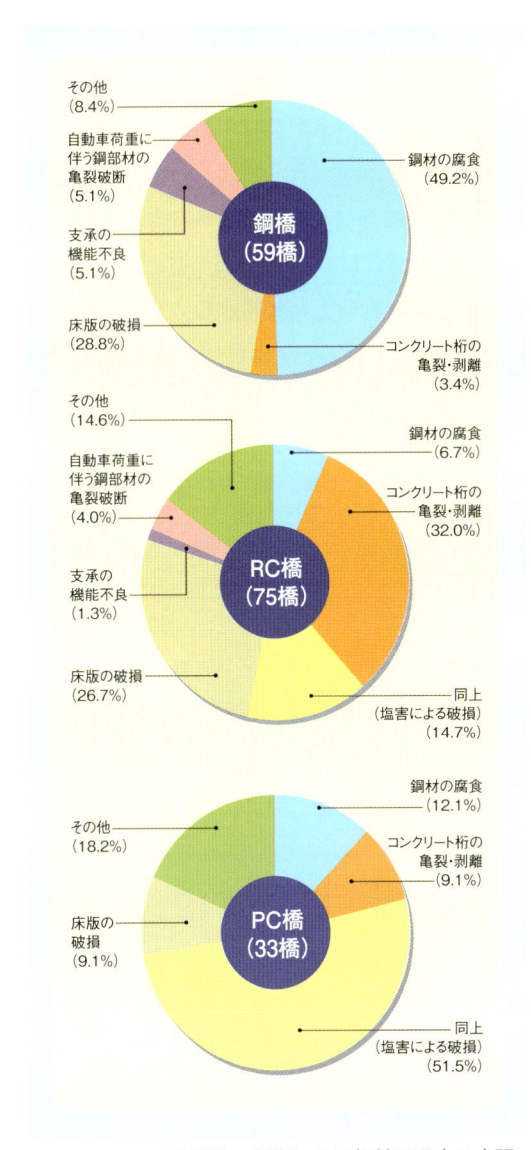

図5-4 上部構造の損傷による架替え理由の内訳

で、形式別では桁橋24％（6/25）、アーチ橋61％（14/23）で、アーチ橋の方が桁橋よりも寿命が長いことを示している。

②現存している橋で全く損傷がなくて現在も健全であるのは、京都市の七条大橋（5連アーチ）だけで、他は何かしらの異常があるという回答であった。

③既に架替えられたという報告のあった28橋に関してその時期と理由を調査した。その結果、［図5-5］のようになり架替えまで45年以上供用されていた橋が大半を占めていることが分かった。平均供用年数は桁橋が46年、アーチ橋52年であった。

④架替え理由は、［表5-1］のようになり、構造物の損傷あるいは老朽化が主たる原因として挙げられた橋はわずか5橋であった。

⑤特に寿命が長かった橋は、充腹型アーチのように大気に触れる表面積の少ないもの、特に側面を石材や、レンガ等の中性化しない材料で被覆したものである。また、充腹型アーチは床版厚が十分に確保され、自動車荷重の増大に対して余力のある構造であった。コンクリートのかぶりが十分厚く設計され、施工誤差等によるかぶりの薄い部分が少なかったものがよかった。

この報告書は「長寿命化のために、これからはアーチ橋を多く作りましょう」と示唆しているのではなく、「長持ちしている橋には何かし

らの理由があり、それを理解して新たな橋の管理につなげることが大事」ということを示している。そのような解釈に立って、本書の巻末に「日本の歴史的な橋梁」を紹介することとした。

5.1.5 点検結果を受けて、すぐ手を打たなければならない橋とは

橋梁点検結果を受けて、「これはひどい、放っておけない」という重大損傷が発生している橋に接することがある。

そのような場合、すぐ手を打たなければならない橋は大きく2種類に分けられる。

一つは構造耐荷力が懸念される橋で、安全な通行に懸念がある場合である。

もう一つは、損傷が第三者に危害を与える恐れがある橋である。以下に事例を挙げて説明する。

(1) 構造耐荷力が懸念される橋の例
①主要部材（主桁、横桁、トラス部材など）に亀裂や大変形を生じた鋼橋　（[**写真5-3**] 参照）
②腐食が進行し、主要部材の板厚減少が著しい鋼橋
③主桁に橋軸方向の鉄筋に沿った太いひび割れが入ったRC橋　（[**写真5-4**] 参照）
④主桁に橋軸直角方向に鉛直ないし斜めのひび割れが入り、たわみ変形の大きなRC橋、PC橋
⑤PC鋼材に沿ったひび割れが生じ、そこから漏水、錆汁の見られるPC橋　（[**写真5-5**] 参照）
⑥床版が疲労し、抜け落ちが懸念される橋（[**写真5-20**][**写真5-24**] 参照）
⑦下部工が洗掘沈下、腐食、変形するなどして上部工の安定支持に不安のある橋　（[**写真5-6**][**写真5-8**][**写真5-9**] 参照）
⑧原因不明の異常音、揺れ、たわみが生じている橋

これらの橋は多くの管理者は容易に点検・診断できるものであり、状況によって交通規制を

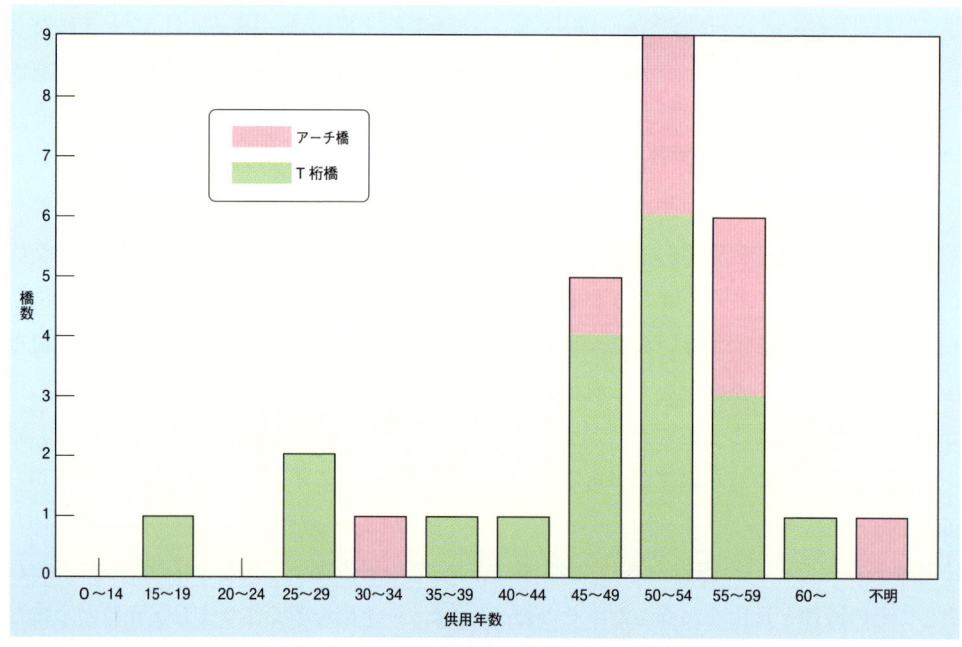

図5-5　大正時代架設橋の架替えまでの供用年数

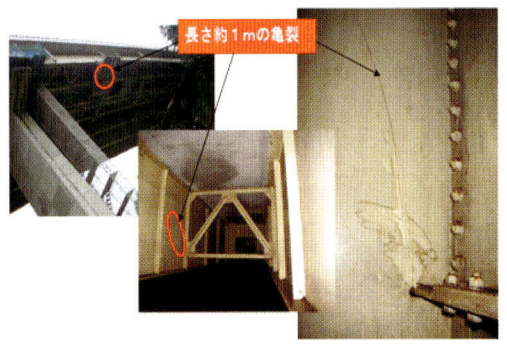

写真5-3　名阪国道　山添橋の疲労亀裂[10]
大型車が多く通行することによって主桁に疲労亀裂が発生した。このため23時間にわたって上り車線が通行止めとなった。

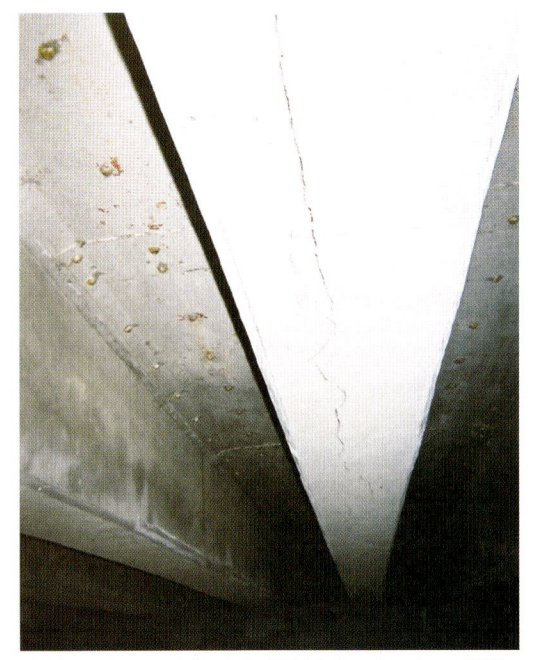

写真5-4　RC主桁下面に橋軸方向に入ったひび割れ
鉄筋の腐食膨張圧により発生したもの。

写真5-5　PC桁の側面に入ったひび割れと錆汁
PCケーブル立上げ部のシースに沿ってひび割れている。シース内への水の浸透が予想される。

写真5-6　腐食した橋脚鋼管杭
一定高さで腐食が集中し、既に上下が切離されている。このような集中腐食は海水と真水が混ざる河口部に時として見られる。

写真5-7　壁高欄外面に遊離石灰が出ている跨道橋
張出し床版と壁高欄の打継ぎ箇所からの漏水でコンクリート劣化が進行し、鉄筋腐食・剥離が懸念される状況。

行ったうえで、専門家による詳細調査を行い、対策方針を決めることになる。

(2) 第三者被害の恐れのある橋

①地覆外側面、床版下面などにコンクリートのうきがみられ、その下や横に道路や鉄道が走っている跨道橋、跨線橋（[**写真5-7**]参照）

②添接板などに使用された高力ボルトの抜け落ちが目立ち、その下や横に道路や鉄道が走っている跨道橋、跨線橋（[**写真5-26**][**写真5-27**]参照）

③路面に著しい（通常20mm以上）の段差や穴があり、走行車や歩行者に危険が生じる橋

損傷が進行しておらず構造耐荷力ではまだ余力がある橋でも、施工不良等で局所的な欠陥を持つ橋は多い。コンクリート片の落下等の危険が確認された橋では、第三者被害防止のためコンクリートのうきを落としたり、落下防止ネットを張るなどの応急処置をとらなければならない。

橋梁点検は、橋の耐荷力低下予防（長寿命化）という観点だけでなく、第三者被害防止という観点からも実施されなければならない。

5.1.6 重大損傷に接しての判断

橋梁点検で重大損傷が発見された場合に、どのような判断を行うか。この場合、段階を追って以下の4項目の判断が必要と考えられる（[図5-6]に重大損傷判断フローを示す）。

(1) 危険判断

構造耐荷力が不足して落橋の恐れがある橋、路面異常（段差、穴）などにより利用者の安全に重大な影響があると思われる橋、コンクリート片など橋下の鉄道、道路へ落下の恐れがある橋などに対して、まず①緊急対策の必要性を、次いで②詳細調査の必要性を判断するものである。

(2) 補修実施判断

重大損傷に対して恒久的な対策として補修ないし補強を行うかどうか判断するもので、詳細調査の結果から③交通障害の可能性、④早期対策の必要性を判断する。もしこれらの影響が少ないと判断できた場合は、延命化判断に移行する。

交通障害の可能性が高いと予想されたり、劣化の進行が速く、早期対策の必要性があるとされた場合は、補修実施のために、⑤ライフサイクルコスト（LCC）に立った補修工法選定、⑥工事実施に当たっての現地施工条件の検討を行う。この場合でも、補修してもすぐ再劣化が予想されたり、交通規制が困難である等の課題がある場合には、延命化判断に切り替えることもある。

(3) 延命化判断

延命化判断は重大損傷はあるものの、通常以上の慎重な管理により安全を確認しながら延命化して行く時の判断である。その判断結果は多様であるが、大きく分けて3案あると考えられる。

1案：交通規制しながら見守る

　大型車の通行を規制しながら観察、維持管理する案である。本格供用再開前に橋にひずみ計などを取付けて応力頻度測定を行って安全を確認したり、モニタリングで継続観察すること等も行われる。

2案：簡易補修の繰り返しで見守る

　対症療法的な小刻みな補修で観察、維持管理する案で、対応が困難なまでに悪化した場合は更新も止むなしと判定した時のものである。

3案：人道橋に切り替える

　自動車通行を禁止すれば、荷重が大幅に低減され、小補修でも十分延命化が期待できる[写真5-8][写真5-9]。

(4) 廃橋／架替え判断

補修実施、延命化のどちらの選択肢も選べなくなった場合には廃橋を判断することになる。すべての橋はコストさえ惜しまなければ補修は可能と考えられる。しかし、その補修延命効果がどれだけ（何年）あるのか、どれだけ損傷回復（健全度向上）させ、どれだけ効き目が持続するか（再補修までの延命化）ということについては、定量的な評価は困難である。多くの場

●第5章● 橋の長寿命化修繕計画

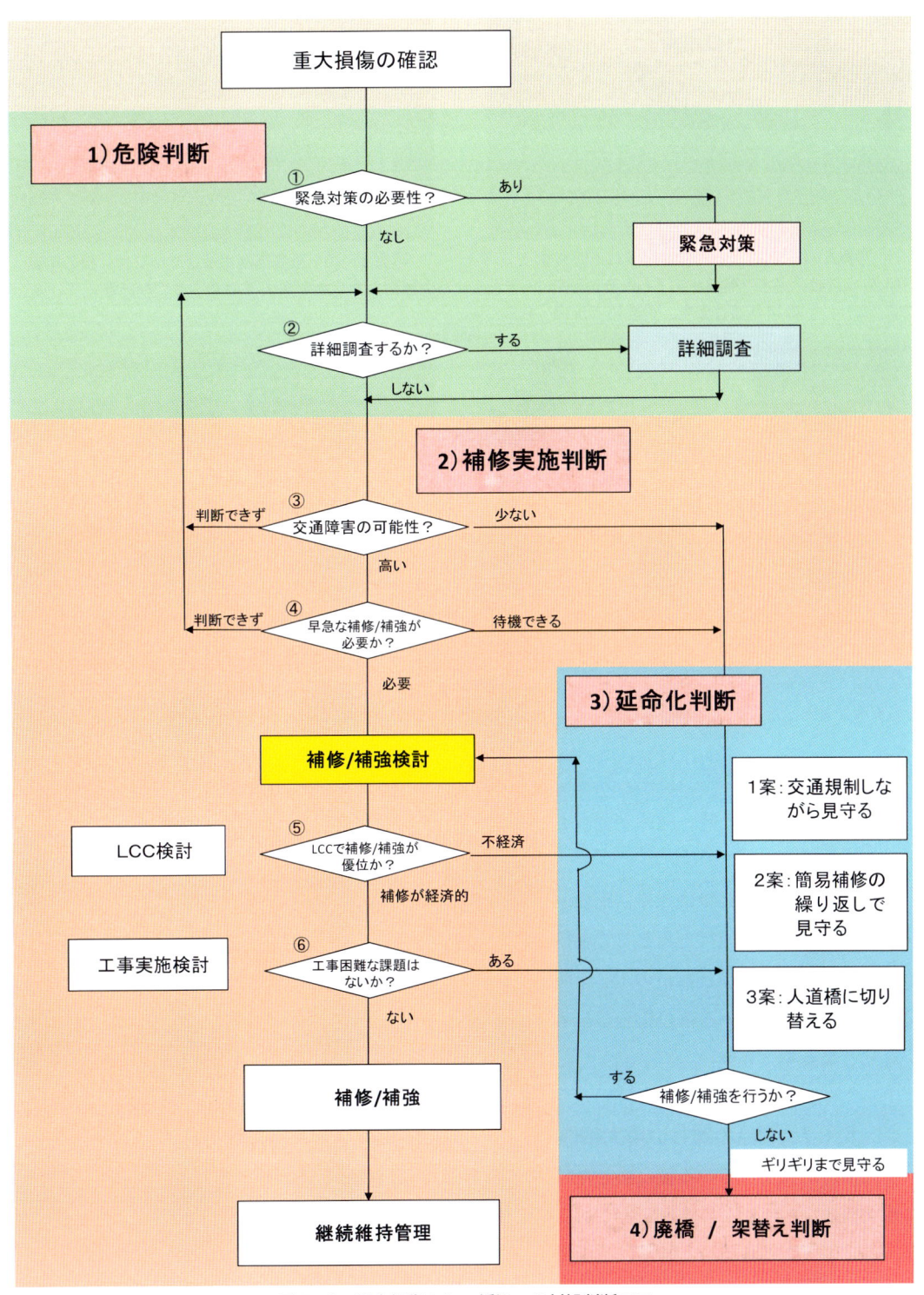

図5-6 重大損傷をもつ橋梁への対処判断フロー

写真5-8　人道橋として供用された観音橋
昭和26年架設。洪水で橋脚が沈下したため昭和37年人道橋となり、平成14年通行止め、平成18年廃橋・撤去。

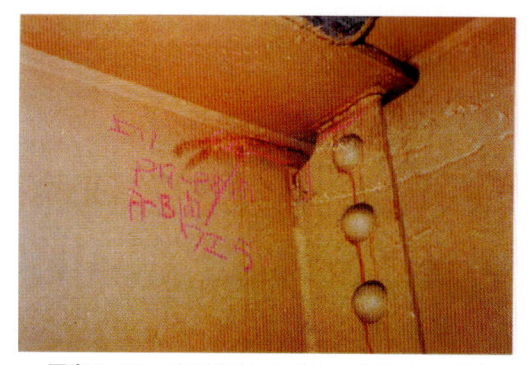

写真5-10　垂直補剛材及びウェブ付け根の亀裂
塗膜割れから錆が見えていることでわかる。

写真5-9　人道橋時の観音橋の橋面
「への字」に曲がってはいるが、歩行者、自転車の通行に支障はなかった。

写真5-11　主桁下フランジ、支承ソールプレート部の疲労亀裂。
亀裂がソールプレート境界部に発生している〈矢印箇所〉

合ライフサイクルコスト（LCC）に立って補修効果が薄いと判断した時、廃橋が選択されることになる。

ただ、廃橋＝架替えではなく、廃橋→撤去→架替えであり、単に通行止めとして廃橋にとどめる選択肢はある。橋長数mのRC床版橋や既に拡幅が計画されている橋の場合は早めの更新が有利となる場合も多い。

5.1.7　判断の難しい重大損傷

重大損傷が発生している橋に接した時、本当に重大損傷なのか判断に迷うことがある。しかし、特定形式以外の橋であれば、重大損傷は専門家でなくてもわかるものである。重大損傷でありながら、そうではないと見過ごすケースは稀（まれ）と思われる。しかし、全くないというわけでもなく、以下に市町村の管理者にとって判断の難しい事例とその対応法を挙げておく。

(1) 鋼橋の疲労亀裂　[写真5-10]　[写真5-11]

よく注意して点検しないと発見できない損傷である。亀裂の初期段階では見過ごすというより、外観遠望目視ではまず見つけられないと考えたほうがよい。

車両の接触事故など外力による桁の変形や破損、亀裂などは外観目視で容易に見つけられるものであるが、疲労亀裂となると局所的な溶接部からスタートするものが多く、近接目視をしていてもなかなか見つけられない。塗膜の亀裂から錆汁が見える場合は比較的見つけやすいと言われているが、通常は専門技術者に点検・診

断は委ねるしかない。

疲労亀裂は大型車の通行が多く、かつ交通量が多い橋で発生する場合が多い。主桁と対傾構、あるいは横桁との取合い部に疲労亀裂が発生する事例が特に多いが、これらの亀裂は設計上の2次応力によるものが多く、一つの橋で同時に多数発生するといった特徴が見られる。また、小さな亀裂が部材破断へと拡がり深刻な事態（落橋など）につながるのは、大型車の多い市街地、港湾地域の橋（過積載車が多い）等が要注意である。

特に主桁と支承ソールプレートとの前面すみ肉溶接に発生する疲労亀裂は、下フランジを貫通した後、ウェブの上方に向かって進展する非常に危険なものであり、緊急対応が必要となる。

交通量の少ない郊外の橋では疲労亀裂の報告例は少ない。

写真5-12 塩害再劣化したRC床版と主桁
床版は断面修復箇所が剥がれ、主桁は鋼板接着が脱落しかかっている。

写真5-13 塩害再劣化したRC桁の断面修復前の状況
以前補修しなかった支承部での鉄筋腐食が著しく、支承位置でやせ細っている。

(2) 一度補修を行ったコンクリート橋の再劣化
　　［写真5-12］［写真5-13］

塩害で鉄筋が腐食したのを受けて断面修復補修されたRC橋、PC橋が対象となる。塩害劣化したRC橋の補修は昭和50〜60年代に全国的に実施された時期があったようであるが、現在はその時の記録が失われてしまっているケースがほとんどである。塩害によるひび割れは鋼材腐食が先行して生じるものであるため、主桁の鉄筋、PC鋼材に沿ったひび割れが橋軸方向に入り、さらに進行すると、かぶりコンクリートの剥離に至るのが特徴である。

この再劣化に対する判断を過ちやすいのは、一度補修を受けているため表に出てくるひび割れ幅が小さく、劣化進行度合いを過小評価してしまうことである。これは先の断面修復補修が左官工法では内部充填・締固めが十分でなく（吹付け工法はここ20年に開発された技術）、鉄筋腐食の膨張圧が素直に表に出てこないためと推定する。

また、コンクリート表面に鋼板接着補強が行われていると内部の状況が分からず、鋼板付着面にひび割れが入り、鋼板が脱落する恐れに至っていることもある。部分的に断面修復されたRC橋、PC橋の場合は補修箇所およびその周辺が剥離し、鉄筋露出していることも多い。

このように補修を受けた橋の再劣化は、塩害劣化だけではなく時として中性化劣化で補修された橋にも見られる。一度大掛かりな補修を受け、コンクリート表面の色が変わっていたり、塗装されて補修跡がある橋の再劣化に関しては、判断が難しく、また大補修となる可能性も高く、専門家の判断を仰ぐのがよい。

写真5-14 ポステンT桁橋の下フランジ側面に見つかったひび割れ。ひび割れ幅は0.1mmと狭い。

写真5-17 ポステンT桁橋の下フランジ下面に見られる遊離石灰のつららと錆汁。

写真5-15 ポステンT桁橋のシース内の状況
写真5-14の桁に孔をあけ、ボアホールカメラで撮影したもので、グラウトが注入されておらず、腐食が進行していた。

写真5-18 妙高大橋のPC鋼材破断[11]
箱桁内を貫通していた排水管から漏れ出した水が桁内に滞水し、PC定着部からシース内に浸透して腐食した可能性がある。

写真5-16 PC中空床版橋下面に見られるひび割れと漏水
ひび割れ原因だけでなく、漏水の進入経路の調査も必要。

(3) PC橋のひび割れ［写真5-14］〜［写真5-17］

　市町村の管理者にとって、もっとも注意すべき損傷がPC橋のひび割れである。通常PC橋は形式を問わず、ひび割れを生じてはならず（例外もあるがレアケース）、もし点検で発見された場合は、必ずその後何らかのフォローが必要である。

　PC橋に生じるひび割れの原因は、①塩害、②ASR、③設計・施工不良、④シース内への水の浸透、⑤外力による損傷が考えられるが、劣化の初期段階ではひび割れ幅、長さなど損傷状況が通常小さいため、RC構造物の損傷と並べて過小評価してしまう可能性が高い。しかし、損傷が鋼材腐食まで進行してしまうと、場合によっては落橋の恐れまで出てくる。大事なことは、内部鋼材の腐食を進行させないことであり、そのためには早めの対策が重要で、ひび割れを発見した時点で、対策を打つことが求められる。特に、ひび割れから遊離石灰や、漏水

が見られる場合は鋼材腐食が始まっていると解釈されるので対策が急がれ、専門家への相談が必要である。それ以外の場合でも、最低限当面は点検頻度を増やして（1～2年置き）監視する等の対応が必要である。

　[写真5-18]は、橋梁定期点検で確認されたひび割れの補修工事の際に発見された、PC鋼材の破断状況である。

(4) 特定構造形式の橋

　吊橋、トラス橋、斜張橋、アーチ橋、箱桁橋など特定形式の橋に対しては専門家による点検が必要である。これらの橋には地上や梯子点検では主要部材が見ることができない箇所（高所、隠ぺい箇所、箱桁内）があり、通常点検では見えない箇所で重大損傷が発生している可能性がある。例えば、排水管から箱桁内部に漏水が生じていたり、吊橋のケーブルが高所（タワー頂部など）で腐食していることなどもあり、形式に対応した専門的知識に立った点検方法を考えなければならない。

写真5-19　木曽川大橋　トラス橋斜材の破断[17]
床版コンクリート貫通部下端部分が腐食して切断されている。鋼材は完全にコンクリートに埋まっている場合は腐食から保護されるが、貫通している場合は境界部で腐食が発生することがある（マクロセル腐食）。

写真5-20　長野国道　浅川新橋の床版抜け落ち[13]
舗装の傷みがコンクリート床版劣化のシグナルとなることがある。抜け落ち箇所周辺に舗装修復跡がある。

写真5-21　伸縮装置の大きな段差
片側車線のみに段差が生じ、舗装のかさ上げがされている。桁下での異常を疑わなければならない。

　[写真5-19]は床版コンクリートに埋まったトラス橋斜材の破断状況で、遠望目視点検では見えない死角箇所で腐食が進行した事例である。

5.1.8　維持管理を計画する際に知っておいた方がよい劣化のシグナル

　重大損傷とは思われない損傷でも、重大損傷を予感させるシグナルのような損傷がある。これを知っておくと維持管理で役立つことが多いので、事例をいくつか挙げておく。

(1) 同じ箇所での度重なる舗装の損傷（ひび割れ、ポットホール）[写真5-20]

　舗装の補修が同じ場所で繰り返されるという情報が得られた場合、これは重交通の影響の場

合も多いが、舗装の下の床版の疲労損傷ではないかと疑うことが必要である。その場合、橋下から調査対象部位に変状はないか確認してみる。変状が見つかる場合は、床版のひび割れ、漏水の進行であったり、支承の腐食であったりすることが多い。また、鋼床版をもつ橋では舗装を剥いでみるとデッキプレートに疲労亀裂が発生していることがある。

(2) **伸縮装置の段差、遊間異常** [写真5-21]

　伸縮装置の大きな段差（20 mm 以上）、遊間の詰まり、開きすぎなどの異常が見られた場合、伸縮装置の破損と同時に、その直下の桁、支承の損傷を疑いたい。桁の腐食や支承の機能不全が、伸縮装置の異常につながっていることが多々あるからである（損傷事例4も参照のこと）。

(3) **車両通過時の異音**

　伸縮装置を車両が通過する場合に異常な金属音がする場合がある。伸縮装置の破損で金属同士がこすれ合う音であることも多いが、合成桁のジベル筋の破断であったり、鋼桁部材の破断であったり重大損傷の可能性がある。位置や条件を変えて音源を探し出し、原因を特定することが必要である。

(4) **橋面の土砂堆積、雑草**

　地覆際や縁石際に土砂が堆積し、雑草が生えているのは橋面排水がうまくいっていないことを示すものである。その結果、床版漏水が生じたり、伸縮装置からの漏水で桁や支承の腐食となることが多い。降雨時に橋面に水たまりが発生する橋は要注意である（損傷事例8、9、21を参照のこと）。

(5) **排水管、ドレーンパイプの末端不備、伸縮装置からの漏水** [写真5-22]

　排水管やドレーンパイプはその末端の処理が不適切なことが多く、桁下まで導いていない場合がよく見受けられる。そのため、排水が桁にかかったり、風に流されて周りに飛び散ったりし、桁の腐食、コンクリートの劣化を招く。

　伸縮装置からの漏水も同様であり、排水設備の不備は橋梁の寿命を縮める最も多く見られる原因である（損傷事例2、8、11、13、14を参照のこと）。

(6) **床版ひび割れからの遊離石灰** [写真5-23] [写真5-24]

　床版の点検結果判定において漏水、遊離石灰が確認されると損傷度が1ランクあがる。ひび割れに入った水は潤滑剤となり、交通荷重による振動によって、砥石で研ぐようにひび割れ幅を拡げ（すりみがき作用）、やがて二方向ひび割れに進展し、ついには抜け落ちる。セメント成分を外に押し流すため、中性化が進み床版コンクリートが土砂化することもある。床版ひび割れへの水の浸透は補修を求める黄色信号と解釈した方がよい。

5.1.9　維持修繕計画での要注意橋梁

　同じ構造形式の橋でも建設年代、供用条件、環境条件によって損傷しやすい橋と、丈夫な橋がある。丈夫な橋の例としては、しっかりとした施工管理と、維持管理がされてきた戦前のRC橋や鋼橋が挙げられる（巻末資料の「日本の歴史的な橋梁」を参照）。一方では、高度経済成長期に大量に建設され、品質管理が行き届かなかった脆弱な橋があることも事実である。ここでは施工品質の不備ということはひとまず差し置き、建設時期、構造形式、供用条件、環境条件の影響を踏まえ、注意すべき橋梁の事例

写真 5-22　ドレーンパイプからの水が桁にかかっている例
ドレーンの水処理法が設計で指示されていなかったものと推定する。

写真 5-23　床版上面の土砂化[14]
床版ひび割れからの遊離石灰を伴う漏水が原因で生じたもの。

（吹き出し：床版上のひびわれ部分から進入した雨水によりセメント分が溶け出して骨材だけが残ったもの）

写真 5-24　床版が抜け落ちた状況
周辺に拡がる遊離石灰をみると著しい漏水があったことが分かる。

を挙げておく。

(1) 建設年代から懸念される橋

　橋梁は建設年時の古い橋が劣化が進行しているとは限らない。京都の七条大橋のように大正年間に建設された道路橋がいまだに大きな補修を受けることもなく現役で機能しているような事例もある（[写真 5-2] 参照）。また、第2次世界大戦前後に建設された橋は建設資材の不足から、建設材料の品質が悪く、総じて劣化が進んでいる印象を持っている。橋の耐久性は建設時の品質管理、その後の維持管理に大きく依存することは自明のことであるが、これ以外にも建設時期とその当時の設計基準、建設資材規格の違いが橋の損傷に大きく関連していることが知られている。

　[表 5-2] に設計基準・規格の変遷と要注意期間の関係を示すが、損傷が懸念される建設年代というものがある。

　①床版の疲労劣化に関して

　昭和 39 年の鋼道路橋示方書の改定で鋼橋のたわみ制限が緩和されている。この結果たわみやすくなった鋼桁の影響で、RC 床版に付加曲げモーメントが作用し、ひび割れが発生しやすくなっている。このためこの昭和 39 年から、たわみ制限が強化される昭和 46 年までに建設された橋梁は床版の劣化に特に注意が必要である。

　②アルカリ骨材反応（ASR）

　ASR が社会問題として大きく知られたのは、昭和 58 年に NHK のテレビ放送で取り上げられて以来である。しかし、その当時、阪神高速道路公団では既にこの劣化現象解明に取り組んでいたようである。

　アルカリ骨材反応の発生原因にはいくつかの要素がかみ合っていることが分かっている。
a）セメント会社のアルカリ金属（Na、K）

表5-2 設計基準・規格の変遷と要注意期間（■着色部：要注意期間）

西暦	元号	基準の大きな改訂	鋼橋たわみ制限	RC床版疲労	アルカリ骨材反応（ASR）	海砂使用	高力ボルト（HTB）の遅れ破壊	その他
1956	昭和31	鋼道路橋示方書改訂		版として設計し配力鉄筋量25%床版最少厚14cmと規定				
1963	昭和38				セメント製造法の転換（アルカリ量の増加）			コンクリートポンプ圧送が普及
1964	昭和39	RC道路橋示方書制定	制限緩和され、割れが増える	亀裂や床版ひび割れが増える			HTBのJIS規格化	
1966	昭和41					河川砂利規制→砕石、海砂使用		
1967	昭和42			配力鉄筋量70%に増加			F13TボルトのJISからの削除	
1968	昭和43	PC道路橋示方書制定		許容応力1800→1400kg/cm²低減 床版最小厚16cm				
1969	昭和44							耐候性鋼材の規格化
1971	昭和46	床版設計法見直し通達	支間40m以下のたわみ制限強化	設計法強化（配筋量増大）				PCT桁の間詰め部の抜け落ち対策JISに反映
1973	昭和48	道路橋示方書II鋼橋編の制定					リベットから高力ボルト接合設計への移行	
1978	昭和53					海砂中の塩分量規制		宮城沖地震
1980	昭和55	道路橋示方書VI下部構造編、V耐震設計編の制定（道示の体系がまとまる）					F11Tボルト使用禁止	
1983	昭和58				NHK特集「コンクリートクライシス」報道			
1984	昭和59				反応性骨材の確認試験法定まる	道路橋塩害対策指針		
1986	昭和61				アルカリ総量規制	塩分総量規制		ふっ素樹脂塗料、ジンクリッチペイントの普及
1990	平成2	V耐震設計編の改訂 保有水平耐力法						
1994	平成6	I共通編改訂（A活、B活荷重）		設計荷重が25t車対応に強化				PC桁の鋼材の桁上面箱抜き定着の禁止
1995	平成7							兵庫県南部地震
1996	平成8	V耐震設計編改訂						
2002	平成14	V耐震設計編改訂 疲労設計指針		防水層設置規定				

写真5-25 ASRでひび割れの入った橋台
昭和52年の竣工である。ひび割れ幅は太いところで3cmほどに達するが、幸い今のところ著しい鉄筋腐食はない模様である。

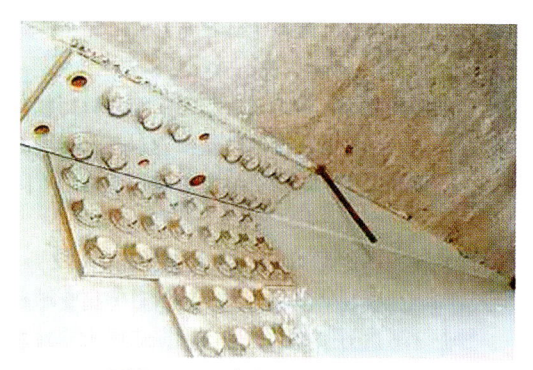

写真5-26 高力ボルトの遅れ破壊

写真5-27 遅れ破壊で脱落したボルトの頭部

写真5-28 土器川橋のゲルバーヒンジ
補修が何回か実施されているが、依然漏水が止まっておらず劣化の進行が懸念される。損傷事例12を参照のこと。

を多量に含むセメント製造法への切替え、b）河川砂利の採取規制により、これまで使われることのなかった岩質の骨材砕石としての流通、c）川砂に代わる海砂、それも塩分除去が不十分なままでの流通が大きな要因となっている。このうち、海砂については脱塩処理が不十分であると多量のアルカリ金属（塩NaClとして）を含み、ASRを触発する一つの原因となったということである。

このようなことから、セメント製造法が切り替わった昭和39年（東京オリンピック開催年）から、先の原因3点が改善・規制される昭和61年までの約20年間に建設された橋にASRは集中している。そして特に昭和40年代後半から50年代半ばまでがピークとなっている。

このことは逆に原因が判明し、塩分、アルカリ総量規制が実施された昭和61年以降のコンクリートでは一部の地域を除き、発生することは極めて少ないということができる。

また、同様にアルカリ混入量の少なかった昭和30年代以前のコンクリートでもASRはほとんどないと言ってよい。

③高力ボルト（HTB）の遅れ破壊（[**写真5-26**][**写真5-27**]）

ボルトの遅れ破壊とは高強度鋼を用いたボルトが、その材質的な問題から、締結された状態で外観上ほとんど塑性変形することなく破断するものである。問題となるのは、HTBのうちF11Tという材質のボルトで、昭和39年～55年にかけて製造・流通していた。同時期に

はほかにもＦ８Ｔ、Ｆ10Ｔというボルトも使用されているが、遠望目視では区別することはできず、点検に当たっては台帳で架設年代をチェックし、該当する場合は意識して点検するようにしたい。また、脱落したボルトの頭を回収した場合は、そこに打たれた刻印で製造メーカ、材質を確認する。

(2) 構造形式から懸念される橋

①ゲルバー橋

ゲルバー橋はかけ違い部をゲルバーヒンジとする橋で、単純桁橋よりも経済的に径間長を延ばせることから鋼橋、RC橋ともにかつて実績が多くあった形式の橋である。しかしながら、かけ違い部が構造的な弱点で鋼桁の亀裂、コンクリート桁のひび割れの発生事例が多く、最近ではあまり採用されていない。しかし市町村管理の旧国道、県道には昭和40年以前に建設されたRCゲルバー橋が依然数多くあると思われる。

RCゲルバー橋の場合は、ヒンジ部の配筋が過密となり、施工締固め不良など欠陥が発生しやすく、さらに伸縮装置からの雨水の浸透により鉄筋腐食が促進されるなど構造上の弱点となっている。

また建設が古いことから設計資料が残っておらず、補強対策に有効な資料がない場合が多い。そのため、ゲルバー橋の耐荷力、耐久性の評価が行われないまま、対症療法的な鋼板接着補強などが実施されていることが多い。しかしこの状態は臭いものに蓋をしただけと言ってよく、今後の維持管理に多くの課題が残されている。

本格的な対策としては、撤去する以外、かけ違い部を剛結しヒンジをなくすことが有効であるが[15]、大がかりな補修となってしまう。そしてこれ以外の有力な対策が見当たらず、頭の痛い橋となっている。

(3) 塩害環境が懸念される橋

橋にとって最も過酷な環境と言えば、海浜近くの塩分雰囲気であり、海岸近くに架けられている橋すべてが塩害環境にあると言ってよい。現在では昭和58年に「道路橋の塩害対策指針（案）」が公表され、塩害の懸念される橋は設計の段階でそれなりの配慮がなされ、塩分雰囲気に強い設計がなされている[16]。しかし、この指針が出される以前に建設された橋では、塩害によって更新を余儀なくされたり、現在も鉄筋腐食が進行している事例が多い。

そこで注意をしなければならないのは、架橋年代と架橋場所である。特に昭和58年以前に架設された橋に関しては、現在どこに立地しているかではなく、架橋された時点でどこに架けられたかという観点で見ることである。日本の海岸線は高度経済成長期に急速に埋め立てられた地域が多く、架橋時点では海岸線にあった橋が、現在は内陸に位置していることが多々ある。また、地域によっては冬季の季節風によって、潮風が川伝いに内陸奥まで達する状況であった場合がある。これらの条件を満たす場合は塩害を疑った点検・管理が必要である。

また、冬季に散布される凍結防止剤は内陸部の方が多く散布される。川に架かる橋は縦断線形がアーチ状になった登り坂となり、また冬季に橋面が凍結する度合いが高く、通常道路以上に凍結防止剤が撒かれる。山間部に架かる橋は急坂となる場合が多く、やはり凍結防止剤が散布される。特に伸縮装置周辺には雨水に伴って塩分が集まってくるため、桁や支承を保護する上でも伸縮装置の点検は重要となる。これらの橋は塩害環境にある橋とみなして管理されるべきである。

表 5-3　橋の設計自動車荷重の変遷

区分	大正15年 (1926)	昭和14年 (1939)	昭和31年 (1956)	平成6年 (1994)
1等橋	12tf	13tf	20tf	25tf
2等橋	8tf	9tf	14tf	
3等橋	6tf	—	—	

(4) 過積載車の通行が予想される橋

　工業地域、港湾地域に架かる橋は大型車の通行が多い。

　橋の床版の設計荷重をさかのぼって眺めると、昭和14年の示方書では1等橋は13t車、2等橋は9t車を想定した設計となっている。（[表5-3]参照）それが昭和31年の示方書ではそれぞれ20t車、14t車に大型化され、平成6年の改正で1等橋、2等橋の区別なく一律25t車対応（ただし、大型車の通行頻度が高いB活荷重と、頻度は低いA活荷重の区別はある）となっている。従って、2等橋として設計された市町村道では、本来であれば25t車は通行できない。しかし、耐荷力を確認・照査して見ると、かなりの割合で大型25t車の通行は可能なように思われる。事実、市町村道で大型車の荷重制限を規制・表示看板している橋はそれほど多くない。

　この事実がなにを意味しているか、かつて建設された橋の設計が過大であったのか、それとも設計基準の懐が大きかったのかは議論の多いところである。しかし橋は大型車、それも過積載車の通行で急速に疲労劣化する。すなわち疲労は大型車の通行量に大きく依存し、さらに大型車の重量が2倍になれば、橋のダメージはその3乗の8倍となる。大型車の通行の多い路線は、過積載車の通行も多いと想定すべきで、50t以上の過積載車両が1日に数十台も通っていることが計測確認された橋もある[17]。

　過積載車の通行が頻繁と予想される橋は、疲労による損傷を想定しておくことがよい。

5.1.10　詳細調査はどのような場合に行うか

　詳細調査の計画に当たって、市町村の管理者がよく誤解していることがある。補修工事予算が確保できていないので詳細調査に着手できないという誤った解釈をしている管理者が多いのである。それは、詳細調査の目的は点検で確認された損傷・変状の原因を特定するために行うものであり、補修設計、補修工事を必ずしも前提として実施するものではない、ということがよく理解されていないためである。

　[図5-7]に「点検から補修実施までの調査・設計フロー」を示す。このフローにあるように、点検でOK（問題なし）、経過観察と診断されない場合、詳細調査は必要となる。ただし、原因が明らかな場合は省略できる。詳細調査は補修を前提として行うものではなく、損傷原因を特定することで緊急性や橋の安全性を判断するとともに、補修を見合わせられないか検討するために行うと解釈した方がよい。従って調査内容も損傷原因の特定に絞った内容とし、迅速な診断を行うようにする。そして原因が深刻でなく、損傷進行が緩慢と予想される場合は観察を継続し、補修を待機できる。もし原因が曖昧なままで詳細調査を省略してしまうと、補修を待機できる機会を逃してしまう可能性がある。

　また、詳細調査と補修設計のための調査を同時に行う計画は合理的のようであるが、原因不明の中での補修を前提とした調査は必要以上に広範な調査をしたり、しておかなければならない調査が抜けてしまう可能性があり、必ずしも得策でない。補修設計のための調査は、原因が特定された後に、必要に応じて追加調査として実施すればよい。大事なことは、予算を効率的に運用するため、待機できる損傷は待機して観察保全とし、より優先度の高い橋に補修予算を回す柔軟な対応である。

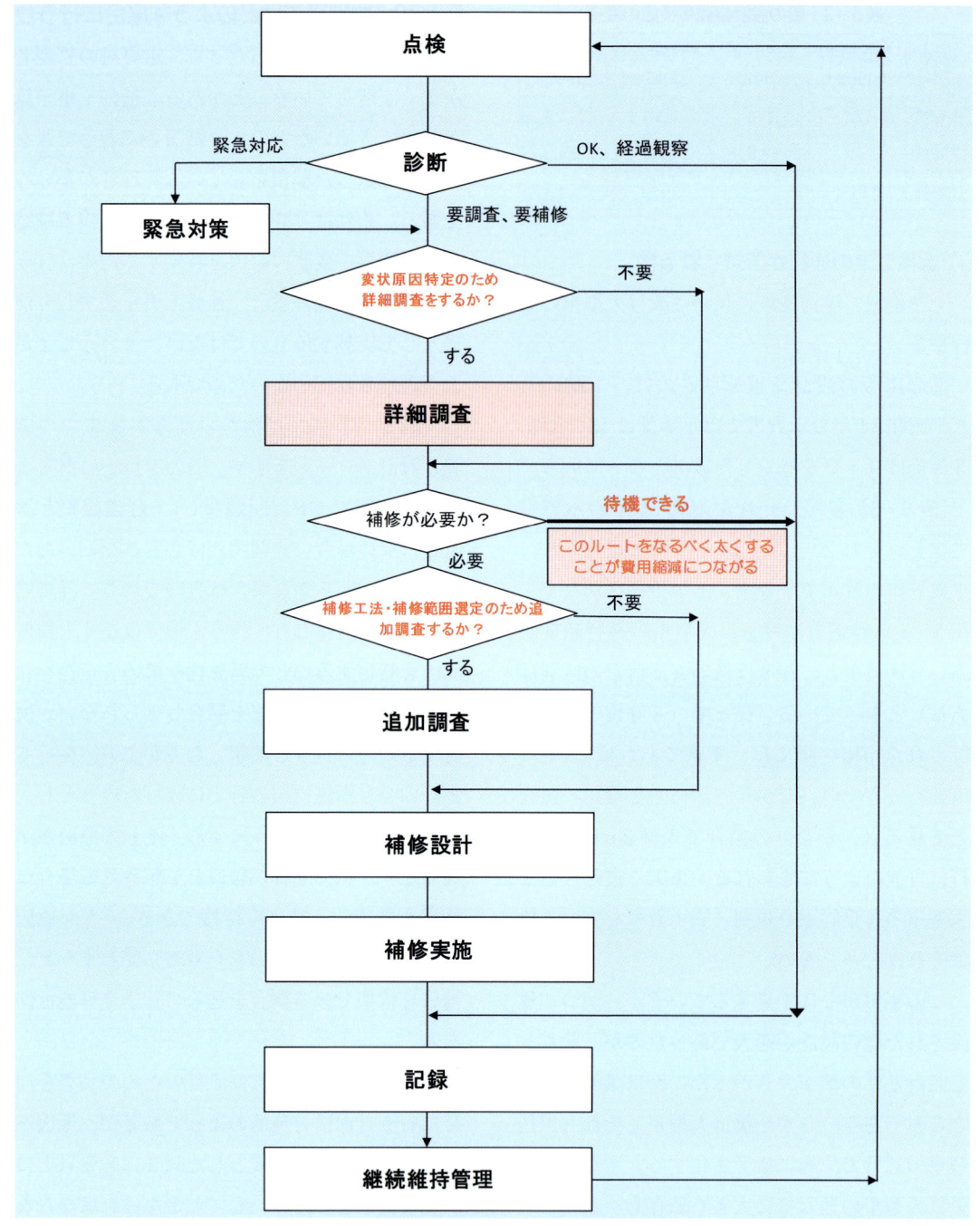

図 5-7 点検から補修実施までの調査・設計フロー

　病気を発見されるのが怖くて人間ドックや検査をためらっているよりは、早期検査、早期対策が人も橋も大切と言える。すべての病気に手術が必要なわけではないのである。

5.1.11　費用負担を抑えた長寿命化対策

　橋の長寿命化対策は、日常点検、定期点検をしっかり行い、計画的な補修によることが原則である。ただ、それを具体的にどのように進めたらよいかとなると、多くの知恵と議論が必要

表5-4　維持管理費を抑えた長寿命化対策例

着眼点	着目内容	対策	補足説明
a．点検法見直し	点検頻度の見直し	要注意橋は点検頻度を上げる。逆に損傷の少ない中小橋梁（床版橋など）は、2回目以降の定期点検頻度を通常の倍程度に引き延ばす。	重要度による分類以外に、損傷度、橋長、構造形式による分類分けが有効。
	点検情報を残す	点検調書に、継続着目箇所、申し送り事項、桁下進入方法、点検位置など、次回点検への手掛かりを記載する。	調書コメント欄の運用を定める。
		ひび割れ、うき等の損傷はなるべくチョーキングで記録を残す。アンカーボルトなどのナットの緩みが懸念される場合はマジックでボルトとナットにつながる線を引くなど、次回点検へ引き継ぐ。	現場へ点検記録を残す目的は変状の進展を容易に判別できるようにするものである。ただ、人通りの多い目立つ箇所でのチョーキング残置には配慮が必要。
	点検時の環境改善作業	点検に当たってスコップ、鎌を用意し、できる範囲で沓座周りの堆積土砂の撤去、雑草除去など環境改善を行う。	第三者被害の可能性のある箇所のコンクリートのうき除去もできる限り行う。
	検査ルートの整備	地上点検が容易となるよう桁下へのアプローチルートを整備する。	桁下の雑草・樹木の除去、検査路の設置など。
	桁下臨時点検	塗装塗替え時などに足場を架設する場合は、足場を利用した近接目視点検を行う。	塗装業者に変状を確認した場合通報してもらうことを特記仕様書に記載することも有効。
	複眼的な管理	添架物を管理する通信、電力、水道管理者と維持管理情報を共有する。	添架物管理での情報提供覚書を弾力的に運用するルールを作る。
		点検にボランティアの起用。	利用者、地域住民の協力を得る。
b．学習する	管理技術のスキルアップ	講師を招き、実地での点検演習を含んだ維持管理研修会を開く。	国・県主催の研修会へも参加。
		維持管理成功事例の自治体同士で情報交換を行う。	事後評価成果のHP公開。
		点検フォロー体制を作る。	外部識者との連携。
	橋の弱点を知る	不具合・損傷が多い箇所を学習して点検に臨む。	重大な不具合・損傷は伸縮装置からの漏水等により桁端部で生じることが多い。
	要注意橋を知る	要注意橋を確認し、橋の弱点がどこにあるか明確にして管理する。	過去に補修を実施した橋、RCゲルバー橋、昭和39年道示適用橋、海砂使用橋等。
c．資料管理の工夫	台帳整備	橋梁台帳・点検調書の整備、資料の電子データ化を進める。	補修に当たって図面がないと高価な復元設計が必要となる。
	設計資料の保存	設計資料を集約管理する。資料不在の場合は設計会社、施工会社に問合せ、控えをもらう。	設計資料はスキャニングして電子データ化が望ましい。プレテンPC桁の場合は桁にメーカー表示がある。
	橋梁カルテの作成	点検、補修、塗替え履歴等をカルテとして代々の経緯が分かる資料を残す。	同時に補修履歴板を現地に残すことも有効。
d．不具合の早期発見・環境改善	水切り法の改善	床版橋、桁橋の張出し床版は横からの雨水の回り込みが構造上の弱点となっている。新たに水切り材を取り付ける。	床版下面の逆V形の溝による水切りは効果がないばかりでなく、鉄筋腐食を招く原因となっている場合が多い。
	排水管、ドレーンの流末処理の改善	桁や下部工にかからない位置まで下ろす。	排水管の長さが足りず、桁腐食、橋台、橋脚の鉄筋腐食を招いている事例が多い。
	伸縮装置からの漏水対策	止水型の伸縮装置とするのが原則。	とりあえず漏れても被害を最小とする防衛対策（橋台堅壁への水切り材設置など）が必要。

		支承の防水	沓座面が平坦な場合、滞水しないよう1.5%程水勾配をつける。	支承位置に水が集まらないよう注意。
		橋面防水	雨天時に橋面に滞水がある場合は、排水桝の清掃、障害物除去、排水誘導を行う。	排水桝が水を集めない誤った位置に設置されていることがよくあり、設置付け替えも必要。
			橋面防水は端部での立ち上げ等細部の処置まで慎重に計画する。	橋面防水をしていない歩道部、立ち上げのない地覆打ち継ぎ目地からの漏水が多い。
e．橋の清掃		清掃ルール	いつ、誰が行うか、清掃ルールを作る、特に排水桝、沓座面の清掃。	排水桝の目詰まり放置、桁端での支承部周辺土砂堆積の事例は多い。特に凍結防止剤が散布される橋では、伸縮装置からの漏水に含まれる塩分の影響で桁端部の腐食が助長されている。
		桁の洗浄	桁に付着した塩分など汚れをウォータージェットなどで水洗いを行う。特に桁端や支承回りを清掃したい。	凍結防止剤が多く散布された後の春先がよい。
f．使用制限		荷重の軽減	大型車の規制。	近くに新橋がある場合は人道橋（歩行者専用橋）とすることも検討。
		人道橋への切替え。		老朽橋を軽微な補修で延命維持する場合に有効。
g．節約する		塗替え塗装の効率的実施	鋼桁の塗装塗替えを桁端部や外側面だけで済ますことを検討。	環境条件のマイルドな橋では、桁中間、内側の桁は塗装の傷みが少ないことが多い。
		補修をまとめて行う	塗装塗替え時など足場を架設する機会に床版補修なども行う。舗装のやり直しの際は橋面防水工も行う。	長寿命化修繕計画に折り込む。
		簡易補修による経過観察	補修・更新の容易な中小橋梁で劣化進行が遅いと予想される場合は、簡易補修で状況観察しながら、ある程度まとまったところで一括補修する。	かぶり不足による局所的な鉄筋露出が見られる橋は多い。このような例は水掛かりがない場合塩害環境を除き劣化進行は遅いことが多く、防錆処理で様子を見ることがよい。
h．その他		点検に配慮した補修工法選定	補修計画では、以後の維持管理が困難となる補修工法は選択しない。	床版下全面へのシート接着工法等は避け、部分的に点検窓を設ける等。
		モニタリング管理	重大損傷でありながら大規模補修できない橋について、モニタリングで安全確認しながら本格対策を引き延ばす。	応力計測ゲージを桁に貼った応力頻度測定がよく用いられる。損傷部の写真撮影による定点観測も有効である。

であり、現在まさに自治体の長寿命化修繕計画でまとめられつつある。ここでは長寿命化修繕計画を立案する際に市町村の管理者が知っておくと良いコスト負荷の少ない長寿命化対策例[表5-4]とその一部を紹介する。

(1) 橋の清掃

　橋の清掃を定期的に実施している自治体は少ないように思われる。そのためか縁石際に土砂が堆積し、排水桝も目詰まりしていて雨降りのたびに橋面に滞水が生じている橋が結構ある[写真5-29]。橋面に滞水が生じると、その水は想定外のところに流れ出すために橋を傷める原因となる。

　また桁下の橋台沓座面には伸縮装置からの漏水で運ばれた土砂が堆積し、湿潤した腐食環境を作り、支承や桁端部の腐食を招いていることが多い。[写真5-30]これらは清掃が実施されていれば解決するものであり、ルール化が望まれる。

写真 5-29 排水桝が詰まった状況

写真 5-31 「なにわ八百橋・橋洗い」での水晶橋の清掃状況[19]

写真 5-30 土砂が堆積して腐食が懸念される支承の状況

写真 5-32 宮崎県日向市　たいえい橋の奉仕活動による清掃状況[20]

　橋の清掃が「橋洗いブラッシュアップ大作戦」と名付けられて、大阪市中央区でボランティアの美化運動として消防署等の協力も得て実施されている[24]。また同じ大阪市で、「なにわ八百橋・橋洗い」と名付けられたNPO法人による橋の清掃も行われている[写真5-31][19]。いずれも消防署が協力参加しており、洗剤とデッキブラシで磨いた橋面を最後にポンプ車による放水で流すという役割を担っている。従って、橋の下面までの清掃まではなかなか実施できていないが、それでも河川内から水陸両用車を用いた桁側面の清掃までは実施している。このほかに全国には地元企業などが奉仕活動で橋を清掃している事例もある[写真5-32][20]。

(2) 桁の洗浄

　桁の洗浄とは、桁表面に付いた塩分や鳩の糞など、有害となる物質を水洗いによって除去し、長寿命化を図ろうとするものである。

　特に塩分飛来の多い海岸地域や、凍結防止剤散布量の多い寒冷地の橋梁では付着残留塩分による桁や支承の損傷が多く、これを定期的に洗浄することで大幅な延命化が期待できる。既に各地で洗浄方法の違いによる効果が検証されている。

　その結果、高圧水洗浄、エコウオッシング、スチーム洗浄など、方式の違いはあるがいずれも塩分除去効果はあると報告されている。[21)22)]ただし、方式によって使用水量、作業効率が異なってくるので、取水方法、洗浄部位、洗浄面積によって使い分けがよさそうである。

　また、橋梁現地での作業が容易となるよう、軽トラックに積んで、現地の河川の水を汲み上げて洗浄に用いる洗浄装置も開発されている[23] [写真5-33]～[写真5-36]。

写真5-35　簡易洗浄装置前面[23]

（洗浄ガン、高圧ホース、操作パネル、高圧ポンプ、フィルター、水中ポンプ）

写真5-33　トラス橋各点部の清掃作業

写真5-36　簡易洗浄装置を軽トラックに積載した状況[23]

写真5-34　トラス橋各点部の清掃作業

既に米国では橋の洗浄を本格的に維持管理の手法として取り入れている州もある。[24]　今後は橋の清掃と共に地域の定例行事とする等の工夫を期待したい。

(3) ボランティアによる橋梁点検

道路や河川の清掃は、アダプト制度[注]で地域住人による清掃美化運動として全国的に行われている。橋の点検にもアダプト制度が徐々に適用され始めている。これまで橋の清掃、点検となるとどうしても専門的な知識が必要な場面があり、一般の人ではできないという解釈がされていたかと思われる。また、車道内に入っての点検や、橋下の狭隘箇所・高所の点検という危険行為が発生するのではと懸念されていた。しかし、ボランティアによる点検が全くないというわけではなく、岩手県花巻市では、「花巻市橋守事業」として民間ボランティアによる簡易橋梁点検を始めている[25]。岐阜県美濃土木事務所では橋梁を含めた道路施設を対象に「社会

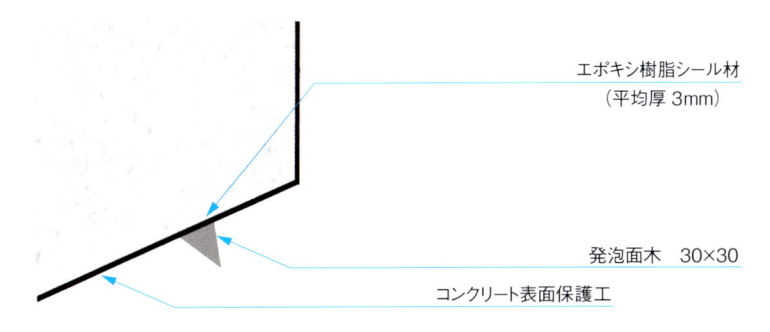

図5-8　水切り材の取り付け詳細図

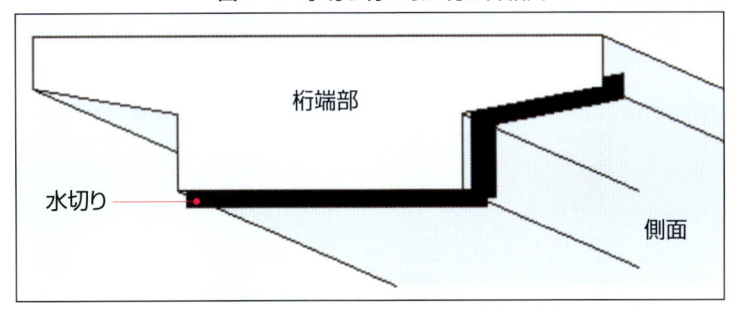

図5-9　桁端部の漏水回り込み防止用水切り材の配置[29]

基盤メンテナンスサポーター」と名付けた民間ボランティアの起用がはじまっている[26]。北海道富良野市では、土木技術者有志による富良野市管理橋梁の点検と報告書作成が行われている[27]。

市町村管理の橋梁点検は、通常近づきにくい箇所の点検は遠望目視となっているケースが多く、実際は危険作業はあまりないように思われる。特に中小橋梁の点検は近接が容易で、専門知識が必要とならない橋も多い。従って対象橋梁を絞って、役所OBや民間技術者OBを含めたボランティア制度をもっと普及させて良いと考える。

注）アダプト制度とは、自治体が道路、公園、河川等について、地域住民、企業と定期的に美化活動を行う契約をする制度のこと。原則無償のボランティアであるが、清掃用具や交通事故等への保険は自治体から提供される例が多い。

(4) 水切り法の改善

床版橋の床版端部下面や桁橋の張出し床版端部の雨水のしみ出し、回り込みによる鉄筋腐食、コンクリート剥離の事例は非常に多い。これは従来設計で多く採用されていた床版端部に逆V字型の溝をつける水切り方法では機能が十分果たせていないことを示している。

そこで雨水の回り込みの見られる橋には、後付けの水切り材を貼りつける対策を推奨する。工事は足場があれば簡単で、下地処理したコンクリート面にエポキシ樹脂接着剤で水切り材を貼りつけるだけである（［写真5-37］［図5-8］参照）。

この方法は床版下面だけでなく、橋台堅壁面に斜めに貼ることで、伸縮装置からの漏水を受け流す簡易雨どいとして使われた事例もある[28]。

そのほか、桁端部からの水の回り込みを防ぐ目的で［図5-9］のように、桁端部に水切りを設けたり[29]、支承に漏水がかかり損傷することを予防する目的で、支承上部の桁側面に水よけを設けた例[30] もある［写真5-38］。

なお、水切り材をステンレス材とし、アンカーで止めるなどの対策も考えられるが、アンカー部の腐食、脱落に注意が必要である。

写真5-37 水切り材の張り出し床版への取付状況

写真5-38 支承への水かかり防止装置[28]

(5) 部分塗替え塗装の採用

鋼橋の腐食は桁端部など狭隘部分に多く発生し[31]、塗膜の劣化は橋体の一般部と、この一部の狭隘部分とで大きく違っていることがほとんどである。しかしながら、従来の塗装塗替えは橋全体を一律に行うため、素地調整等は一律に3種ケレンとなってしまうこともあり、桁端部等の素地調整は不十分なままの塗替えとなることもあった。そのため、塗替え後すぐに塗膜が劣化し、さらにこの部分の腐食劣化が進行する原因ともなっていた。

また、平成17年に改定された「鋼道路橋塗装・防食便覧」では、塗替え塗装の素地調整は1種ケレンが原則となった。そのため、今度は一律全面にブラストをかける[注)]こととなり、比較的健全な塗膜まですべて除去せねばならず、コストおよび環境配慮面で不経済と言わざるを得ない状況となっている。

注) 1種ケレン＝ブラスト仕上げは、作業の際に研掃材と剥離塗膜の粉じんが飛散するために、必ずしっかりとシートで覆い、目張りなどをしなければならない。また騒音が発生するため、市街地での作業には慎重な計画が必要となる。

このような状況に対して、国土交通省から「鋼道路橋の部分塗替え塗装要領（案）」[32)]（平成21年9月）が事務連絡として出された。これは、先に指摘した不経済を解消すべく、橋を一律に塗替えるのではなく、特定の腐食しやすい部位の塗替え頻度をあげるものである。

部分塗替え塗装は合理的な発想で、うまく運用すればコスト縮減に効果があるものと思われる。適用するに当たっての注意事項として以下のようなことがある。

① 桁端部等の腐食進行は漏水等の原因がある場合がほとんどであるため、塗替えだけでなくこの原因を除去する対策も同時に行わなければならない。

② 塗替える部分と塗替えないで残す部分の境が弱点となりやすいことから、その位置を環境条件がマイルドになる位置まで十分余裕をとる（「部分塗替え塗装要領（案）」では、橋座面上を最小範囲とし、風通しが悪い良好な環境が望めない範囲がある場合は拡げるとなっている）。

③ 塗替えた部分と塗替えない部分とでは、塗膜の色調、光沢が異なるので、外観が問題とならないよう配慮する。

④ この塗替え塗装（案）でも、塗替え塗装仕様はRc-Ⅰ（1種ケレン）となっており、ブラストが要求される。桁端部など腐食が進行してしまっている部位は、1種ケレンでなければ塗膜が長持ちしないと言える。

市町村の管理する中小橋梁の通常塗替えで、常に1種ケレンを行うことはコスト面からも周辺環境からも難しく、2種ケレン、3

■ バキュームシステム

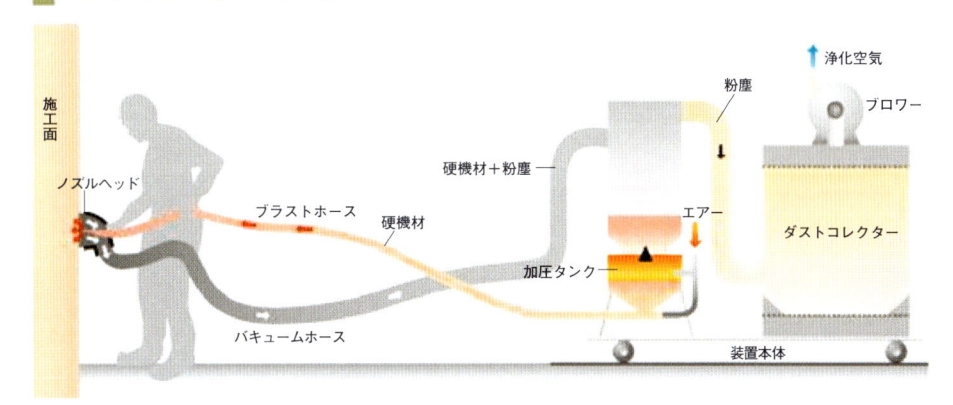

図5-10　バキュームブラストイメージ図[33]　　乾式ブラスト施工協会HPより転載。

写真5-39　塗膜剥離剤を使用した塗膜の剥離作業状況[34]

種ケレンと組合わせて部分塗替え塗装を実施するような運用の工夫も必要である。

塗装塗替え技術は、最近次々と新技術が開発されてきている。「バキュームブラスト」[33]は、従来のブラスト作業を改善し、ブラストをかけながら同時に横から吸引を行い、研掃材の飛散を最小限にしようとするものである［図5-10］。

「インバイロワン」[34]は素地調整作業を合理化し、塗膜面に塗膜剥離剤を塗り、化学的に塗膜を軟化させてはがしてしまう工法である。これにより、騒音や粉じんの発生が抑えられることになる［写真5-39］。

「サビシャット」[35]は塗布形素地調整剤を3種ケレン面に塗布することで、2種ケレンした以上の下地を形成ができるというものである。

「マイティーCF-CP」[36]は塗料の持つアルカリ性で、多少の錆が残っていても赤錆を黒錆に転換させてしまい、塗膜の延命化が期待できるというものである。

これらの技術が進化することでこれからの塗装塗替えは大きく合理化されて行くものと思われる。

5.2　長寿命化修繕計画作成に向けて

5.2.1　長寿命化修繕計画立案の前にしておきたいこと：橋梁維持管理方針の設定

国土交通省から出されている「計画策定マニュアル(案)[37]」では長寿命化修繕計画は以下の構成で作成するよう求められている。

①目的

②対象橋梁

③健全度の把握、日常的な維持管理に関する基本的な方針

④費用の縮減に関する基本的な方針

⑤次回点検、修繕内容または架替え時期

⑥計画による効果

⑦計画策定部署および意見聴取した学識経験者

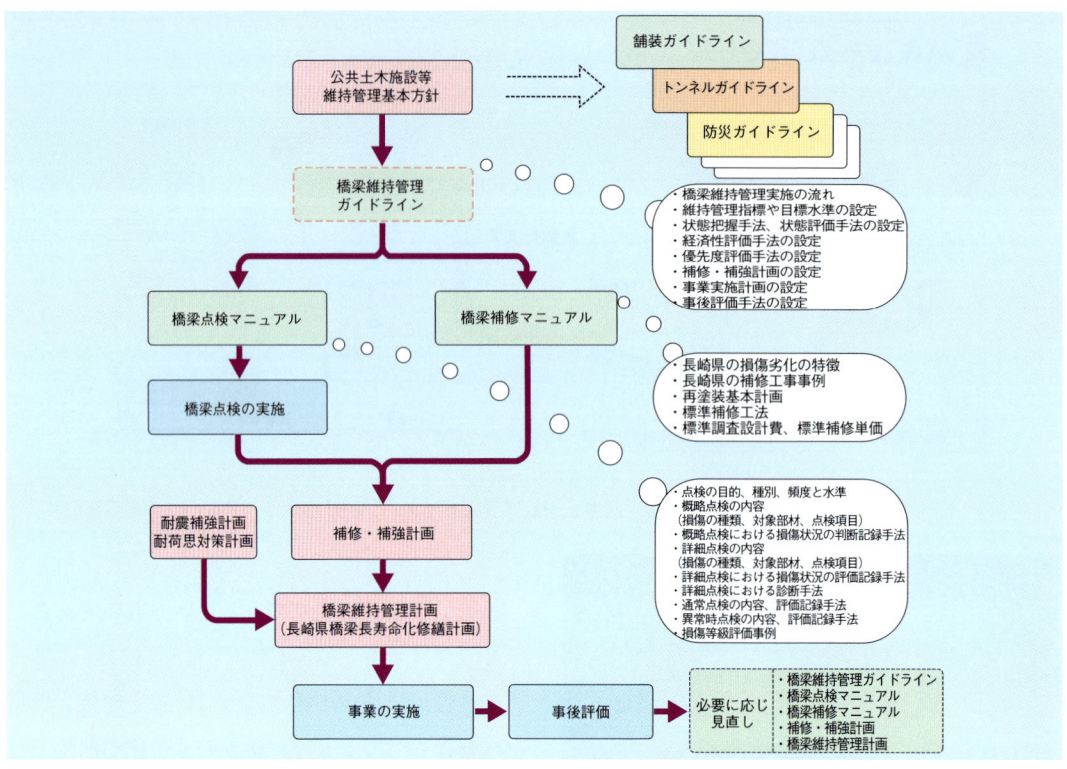

図5-11 長崎県 橋梁維持管理ガイドラインの概要と位置付け[44]

表5-5 長崎県 橋梁維持管理ガイドラインの内容[44]

項目	概要
橋梁維持管理実施の流れ	点検→補修補強計画→事業実施という流れとなる。
維持管理指標や目標水準の設定	橋梁の損傷を部材ごとに集計した健全度を維持管理指標とし、県の現状に合わせた目標水準を設定する。
状態把握手法、状態評価手法の設定	点検の種類と点検頻度を定め橋梁の状態把握を行う。状態評価は点検の劣化損傷度を「健全度」として定量評価することで行う。
経済性評価手法の設定	経済性評価は健全度に応じた標準的な補修・補強工事を想定し、工事費を選定することで行う。
優先度評価手法の設定	対策の優先度評価は、健全度と橋の重要度を総合することで行う
補修・補強計画の設定	補修・補強計画は個別の橋梁ごとに対策内容、対策時期、順位を決定し、修繕・架替え検討と中長期投資検討の結果により計画する。
事業実施計画の設定	路線単位、橋梁単位など様々な単位で補修シナリオを設定し、最適な計画を立案する。
事後評価手法の設定	事業実施後その達成度を評価することで効率的な維持管理を目指すことを目的として実施する。評価によってはガイドラインなどのマニュアル、計画に戻って見直す。

等の専門技術を有する者

　従って、修繕計画策定に先立って、検討対象橋梁をどのように選定するか、橋梁点検と台帳整備をどのように関連付けるのか、橋の管理を重要度によって分類するかどうかなどについては記載を求められてはいない。しかしながら、修繕計画の策定のためにはこれらは避けて通れないものであり、事前方針付けが必要である。

これは管理の基本方針＝橋梁維持管理方針の一部となるものである。

　橋梁維持管理方針の位置付けについては、長崎県公表の橋梁維持管理ガイドラインの説明が分かりやすいので引用し説明する。[38]

　橋梁維持管理方針（長崎県では橋梁維持管理ガイドライン）は橋梁点検マニュアルと橋梁補修マニュアルの上位に立つもので、[図5-11]

に示すような関係にある。そしてこれらのマニュアルに基づき作成された補修補強計画により、橋梁長寿命化修繕計画が立てられることになる。

橋梁維持管理ガイドラインの内容は［表5-5］に示されるものである。

橋梁維持管理方針は橋梁点検マニュアル、補修マニュアルとは切り離して、自治体の個別事情を反映したものとするのがよい。これにより、橋梁点検マニュアルに関しては独自のものを持たなくても都道府県の作成した点検マニュアルを市町村でそのまま適用使用することが可能となるのではないだろうか。

よく誤解されるのであるが、橋梁点検マニュアルは単に橋梁点検の手法、考え方を示すものであって、橋の維持管理方針・考え方を記載するものではない。これを混同してしまうと、修繕計画のスタート時点で方向を見失ってしまう。

市町村において橋梁維持管理方針を作成するに当たっての注意事項を以下に示す。

(1) 対象橋梁の選定

橋長15m以上の橋のみを対象とするか、2m以上のすべての橋を対象とするか。

現在多くの市町村が、橋長15m以上の橋を計画対象としているように思われる。15m未満の橋の数は15m以上の橋の数の2倍以上あることが実態であるため（全国で15m未満が約53万橋、15m以上は約15万橋）[39]、修繕計画立案の手間が倍増すると避けられたものと思われる。しかし、橋長が15m未満の橋を放置しておいてよいわけはなく、維持管理費も発生する。予算管理の一元性からも切り離さずに計画したい。切り離す場合でも、少なくとも点検だけは並行して実施するのが良い。ただし、長大橋と15m未満の中小橋梁では、万一補修に至った場合の対応が大きく変わる可能性があり、維持管理にメリハリをつける（維持管理水準をランク分けする）ことはあってもよいと思われる（後述、「5.2.3橋梁重要度と管理水準」参照）。

(2) 過去の修繕予算の分析と管理水準

今後の維持修繕費の予想に着手する前に、過去数年の橋梁維持管理の執行実績を分析しておくとよい。維持管理費の内訳は、通常、①点検調査費、②補修設計費、③補修・補強工事費、④塗替え塗装費、⑤日常維持管理費、⑥撤去・更新費に分類される。

中長期的な維持管理方針に従って長寿命化修繕計画を推進すると、この維持管理費のうち、①点検・調査～④塗替え塗装費までが当面増大する。⑤日常維持管理費は横這いで、成行きベースの管理では増大すると予想される⑥撤去・更新費は抑えられ、長期的には累積予算縮減につながると想定される。

ここで注意しなければならないことは、当面の期間とはいえ、まずは維持管理費を増大させなければならないということである。もし橋の管理水準（目標水準）を高めに設定すれば、それだけ増大幅は大きくなる。

橋の管理水準とは、いろいろな捉え方があるが、平たく言えば、「どの程度傷んだら補修するか、どの程度までは我慢して状況観察に留めるか」ということである。例えば、鋼桁の塗装塗替えは塗膜の劣化が目立つようになって実施していたとか、コンクリート桁の補修はひび割れがあっても我慢し、鉄筋露出が始まった段階で補修していたとかである。これは過去数年の維持管理費の執行実績を見てみれば、どのような橋に手を加えてきたのか、記録からおおよそ判断できる。［表5-6］に管理区分に対応した管理水準のイメージを示す。

ここでは管理区分を、①高度予防維持管理～④観察維持管理までの4段階としたが、もっときめ細かな区分に分けてもよい。

　新たな管理水準を設定するに当たり、従来の管理水準を踏襲するという考え方もあるが、概して理想論に立った高い目標を設定してしまうようである。その場合、維持管理費の増大は急激であり、しっかりした予算の裏付けがないと計画倒れになる恐れがある。

　従って、橋梁維持管理方針作成の段階で、中長期的に無理のない管理水準設定が重要であり、従来の維持管理費の実績をベースに設定することがよい。そして、そのためには、橋の重要度のランク付けによる管理水準使い分けなど、自治体の事情に合わせた調整と同時に、時としては予算水準に合わせて、管理水準をあえて低く設定し、やりくりできないか検討してみることも重要である。

(3) 橋梁情報の集約管理

　橋梁長寿命化修繕計画はPDCAサイクルで管理運用され、今後継続的に実施されるものである。[図5-12]に示す通り、Actionに位置づけられる点検・診断だけでなく、Do：対策実施、Check：事後評価も繰り返し実施されるもので、それらはすべて橋梁情報と結び付けて行われる。

　従って、橋梁情報が台帳や年度ごとの点検調書で分割されていることは非効率である。また、補修などの対策実施も橋梁カルテの形で橋梁データベースとして集約管理されていることが望ましい。これらは写真や図面など体裁が異なる資料が含まれるため、電子データ化のための集約管理方法を予め決めておくとよい。

　情報集約に当たって注意すべきことは、紙ベースで残っているような古い点検記録を捨ててしまわないことである。橋の維持管理では古い記録ほど劣化進行速度を判定する上で重要である。建設当時の工事写真、点検記録写真も含め、そのままスキャニングして保管したい。

表5-6　橋梁の管理水準イメージ

管理区分	管理水準			
	考え方	鋼橋－腐食	床版－床版ひび割れ	RC主桁－ひび割れ
①高度予防維持管理	損傷の兆候、初期損傷が認められた段階で補修検討	塗装の劣化、錆が認められた段階で補修検討	2方向ひび割れが認められた段階で補修検討	主構造に0.2mm以上のひび割れが局部的にでも発生した段階で補修検討
②予防維持管理	局部的な損傷が認められた段階で重大な損傷でない場合は経過観察　損傷進行速度が速いと認められた場合は補修検討	局部的な塗装劣化、錆が認められた段階で経過観察　全体的な損傷への移行あるいは腐食の進行速度が速いと判断された場合は補修検討	2方向ひび割れが認められ、局部的な漏水・遊離石灰が認められた段階で補修検討	主構造に0.2mm以上のひび割れが局部的に発生した段階で経過観察
③事後維持管理	全体的な損傷が認められた段階で重大な損傷でない場合は経過観察　損傷進行速度が速いと認められた場合は補修検討	全体的な塗装劣化、錆が認められた段階で経過観察　損傷進行速度が速いと判断された場合は補修検討	2方向ひび割れが認められ、全体的な漏水・遊離石灰が認められた段階で補修検討	主構造に0.2mm以上のひび割れが多数発生し、漏水・遊離石灰が認められた段階で経過観察
④観察維持管理	損傷が進行し、問題が生じると判断された段階で対策実施	鋼桁が腐食し、耐力に問題があると判断された段階で補修あるいは架替えを検討	損傷により耐力に問題があると判断された段階で補修あるいは架替えを検討	損傷により耐力に問題があると判断された段階で補修あるいは架替えを検討

経過観察：記録を残し日常点検、定期点検で損傷進行をチェックする。点検頻度を増すこともある。

5.2.2 長寿命化計画の事例比較

平成22年7月現在、既に全国各地から長寿命化修繕計画は公表されている。それらは計画策定マニュアルに示された項目内容について記しているが、当然のことながらそれぞれの自治体の事情が反映された内容となっている。[表5-7]にインターネット上で公表されている計画から、なるべく全国各地の市町村を選んだ橋梁長寿命化計画の比較表を示す。

この表から以下のことが言える。

(1) 全管理橋梁数（2m以上の橋梁数）

少ない自治体では数十橋、多い自治体では1,000橋以上とばらついている。市町村の面積、自然環境によって管理橋梁数は大きく違っているものと思われる。

(2) 検討対象橋梁数

2〜201橋とばらついている。そして多くの自治体は、1次ふるいとして橋長15m以上という条件で選定しているように見受けられる。また2次ふるいとして、個別事情をにらんだ橋の重要度を考慮して絞りこんでいる市町村も多い。なお、市町村によっては、計画途中段階で検討対象橋梁数が最終計画数とはなっていないところもあるようである。

(3) 維持管理に関する基本方針

自治体ごとに大きな違いはなく、多くの自治体で日常的なパトロールによる維持管理、5年おきの定期点検の実施が方針づけられている。

(4) 費用の縮減に関する基本方針

いずれも表現は異なるものの、事後保全型管理から予防保全型管理へ切り替えることがうたわれている。

(5) 次回点検、修繕内容または架替え時期

今後10年間分の修繕・架替え計画を作成し、順次計画的な補修を行うこととしたものが多い。

(6) 計画による縮減効果

市町村によって前提条件が異なっており、削減数値はそのままでは比較できない状況である。[表5-7]では、市町村の長寿命化修繕計画に示された数値やグラフをそのまま用いた削減予算金額、縮減率、想定適用年数を示している。前提条件を記載していないため、誤った解釈を招きやすい表記となっており注意が必要で

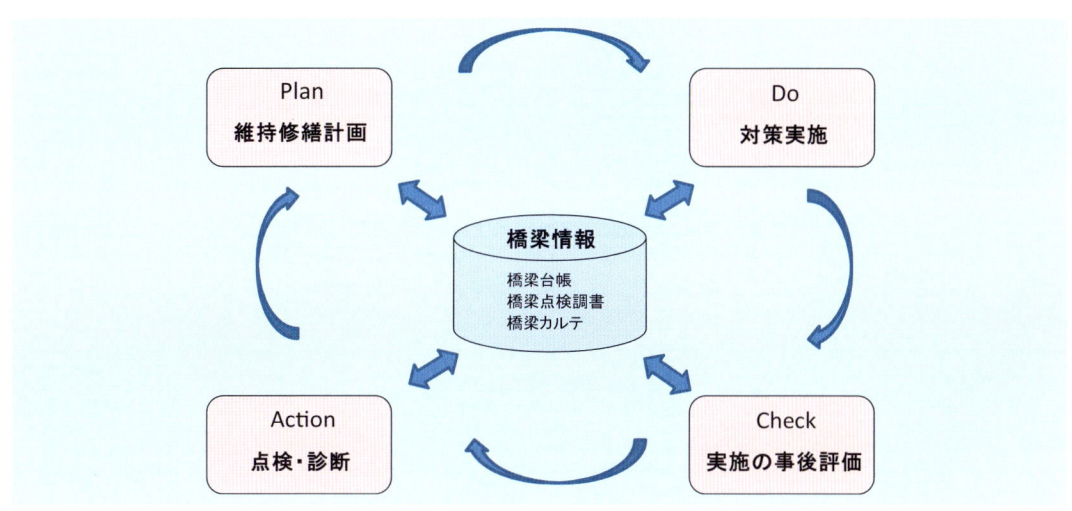

図5-12 橋梁管理のPDCAサイクルイメージ

表5-7 全国市町村の長寿命化修繕計画の事例 概要比較表[40)~49)]

市町村	発表年	全管理橋梁数	検討対象橋梁数	健全度の把握、日常的な維持管理に関する基本的な方針	費用の縮減に関する基本的な方針	次回点検、修繕内容または架替え時期	計画による縮減効果 削減予算金額(億円)	縮減率 %	計画の想定年数	その他
青森県東通村	H22.04	—	9橋(15m以上)	「日常管理」、「計画管理」、「異常時管理」から構成されており、それぞれの管理において、「点検・調査」と「維持管理・対策」を体系的に実施。	事後対策シナリオ→LCC最小シナリオに切替え	H24～33年度までの10年間の長寿命化対策工事リストを作成	7.88→6.13億円	22%	50	青森県BMS(ブリッジマネジメントシステム)の採用
岩手県花巻市	不明	1050橋	201橋(15m以上)	橋を良好な状態に保つため、日常的な維持管理としてパトロール、清掃などを行う。	事後保全型管理→予防保全型管理に転換	—	約115→75億円	35%	100	ボランティアを活用した簡易点検の実施(花巻市橋守事業)
山形県南陽市	H21.12	195橋	39橋	①市職員による定期点検(1回/5年) ②市職員による橋梁診断(橋梁点検後) ③山形県橋梁点検要領(案)に基づいた専門家による詳細点検(橋梁診断後) 日常的な維持管理は橋梁パトロールや橋梁の清掃等の実施を徹底	対症療法型管理から予防保全型管理への転換。修繕による回復が見込めない橋や、架替えと比べて経済性に劣る橋の架替え 点検、診断、補修の橋梁マネジメントサイクルの定着	39橋中補修必要橋梁16橋 架替え必要橋梁0橋	21.2→13.6億円	36%	30	補修時期、補修方法は山形県土木部の技術的な助言を受ける
石川県輪島市	H20.03	437橋	56橋(H19点検)	「傷んでから修繕する管理」から「傷み具合が小さいうちから計画的に修繕を行い、橋の長寿命化を図る管理」へ移行。	傷んでから修繕→計画的修繕	H20年度から早期に修繕を実施した方がよい26橋の修繕工事を順次実施	36→11億円	69%	20	災害時の避難路線に架かる橋など重要度を考慮して選定
岐阜県川辺町	H21.03	136橋	2橋(15m以上の重要橋)	①橋梁の架設年度や立地条件を十分把握し、損傷を早期に把握する。②日常的な維持管理として、パトロール、清掃などの実施を徹底する。	予防的な修繕等の実施徹底	H21-22年の補修、その後5年置きの点検、30年後の架替え	8.6→0.84億円	約9割	30	山川橋、飛騨川橋を30年延命
京都府八幡市	H21.04	127橋	127橋	①5年に一度、全橋を対象とした専門業者による詳細点検。②日常の道路施設パトロールにおける点検 を通しての橋の傷みの早期発見。	「悪くなってから対策をとる」→「傷みが小さい時から計画的に補修する」	H21年度より塗装塗替え、傷んだ箇所の補修を計画的に順次実施	14.2→7.5億円	47%	50	緊急避難路に架かる橋など公共性の高い橋を抽出して策定
兵庫県豊岡市	H21.06	1342橋	163橋(15m以上で一定経過年数を経た橋)	①点検の徹底：定期的な点検実施、日常的なパトロール、清掃等の実施 ②補修計画の立案 ③データーの蓄積 ④計画の策定	「事後的な対応」→「定期点検実施とともに予防的な維持管理」へ転換	今後10年間かけて補修する橋の年次計画を策定	452→294億円	35%	100	将来の劣化予測は、現段階では基礎データ数が少なく、今後の点検・補修履歴で見直して行く
鳥取県三朝町	H21.03	120橋	38橋(15m以上)	①国土交通省、鳥取県の点検マニュアル等を参考に、通常パトロールと5年に1回程度の定期点検を実施。②点検調書をもとに、通常パトロール時における車内からの目視点検および徒歩による目視点検を実施。	15m以上の橋梁に関して、点検調書をもとに優先順位を決定 従来の対処型修繕→予防型修繕へ移行	H23-32年10年間の修繕、架替え計画を立案	約12→約7億円	38%	100	優先順位は、破損度、橋長などを加味して決定する
熊本県天草市	H21.12	1145橋	125橋(管理水準Ⅰの14.5m以上の橋)	①天草市橋梁定期点検要領(案)に基づき、専門家による橋梁点検を実施し、健全度を把握。②日常的な維持管理として、パトロール、清掃など実施。	「修繕等一切を行わず、老朽化となったら架替え」→「予防的な修繕」による管理の実施	—	141.0→78.0億円	45%	50	橋梁の重要度により、管理水準ⅠとⅡの2種に分類し、定期点検頻度を各5年、10年とする。
長崎県雲仙市	H21.03	541橋	86橋(15m以上)	①長崎県の策定した橋梁点検要領に基づいた定期点検や日常維持管理により健全度を把握する。②日常的な維持管理はパトロール車による走行面の変状について点検を行う。	損傷や劣化の事前予測に基づき、予防的な修繕および計画的な架替えによりコストを縮減する。	H21-30年10年間の修繕、架替え、点検計画を立案	56→5億円	91%	50	対象橋梁は15m以上で、かつ跨線橋、跨道橋などの重要条件がある橋

—は記載がないことを示す

ある。

　削減予算金額は、検討対象橋梁に関して従来型の管理を継続した場合の予想金額が、今回の計画でどのくらいまで縮減できるか予想値を示している。縮減率（縮減金額／従来型管理での予想金額）は、22～91％まで大きくばらついている。また縮減金額を出すための計画想定年数も20～100年となっている。

　縮減率のばらついている理由の一つは、従来型の管理による予想金額の考え方が自治体によって違っているためと思われる。熊本県天草市のように、ベースとなる金額を「50年間修繕を一切行わずに老朽化となったら架替えとする」ことを前提条件として算定しているのがその例である。

　縮減率と想定年数の関係を見てみると、総じて想定年数を100年と長期間としている市町村の縮減率は小さく、20～50年としている市町村の縮減率は大きいようであるが、その理由は不明である。ただ、想定年数を100年としている自治体の場合、予防保全型管理への切り替えで計画初期段階で大補修に相当する初期投資が多くなり、対症療法型管理の累積維持費との逆転に20～40年要している。想定年数の短い市町村は、早期から効果が挙がり逆転していることになる。

5.2.3　橋梁重要度と管理水準

(1) 重要度の構成要素

　橋梁の重要度に関しては、既に公表されている市町村の長寿命化修繕計画の検討対象橋梁の選定において多くの自治体が考慮していることは前節で述べた。重要度の定量評価に関しては、古市らが、以下の5つの指標に関し採点した合計評価点で判定する方法を提案している[50]。

(a) 路下条件（跨線橋等）
(b) 利用状況（横断歩道橋など）
(c) 橋長（補修困難性の指標）
(d) 路線重要度（重要アクセス道路等）
(e) ライフラインの有無（添架管の数）

　この採点法に関しては［表5-8］に示す。

　そこで比較のために改めて先の［表5-3］で示した市町村について、検討対象選定にあたって、どのような指標が用いられているか示したものが［表5-9］である。

　［表5-9］を見ると、路線の重要度が最も重要視されているようであり、道路の位置付けに追加して地域間のネットワーク、緊急避難路をも考慮したものとするのがよいと思われる。また、ライフラインの有無に関して触れられている市町村はなく、それよりも、う回路の有無、バス路線であるかどうか、交通量の多少等を評価して行く必要があると思われる。

(2) 重要度に応じた管理区分

　管理区分は、先に［表5-6］で示したように予防保全型管理−事後保全型管理−観察保全型管理に区分するのが一例であるが、その具体的な管理手法は自治体ごとに異なっており、一律的な区分はできない。

　橋の重要度に応じたグループ分けにより管理区分を変えてコスト縮減を図っている事例は県や政令指定都市で多くあり、［表5-10］(a)～(e)にその事例を示す[57)～61)]。

　県レベルでも、①長大橋、②跨線橋、跨道橋、③緊急輸送道路指定路線の橋を優先的に管理し、10～15ｍ以下の中小橋梁は観察維持管理として、コスト縮減を図っている。また、このグループ分けを補修優先順位と結び付けている場合がほとんどである。

5.2.4　事後評価と計画見直しの必要性

　事後評価では、主に以下の3点が評価・分析

表5-8 橋梁の重要度に関する各指標の評価点 RD[56]

(a) 路下条件 κ_1

条件	配点
空き地	1.0
自動車専用道路	5.0
鉄道	5.0
国道・府道	4.0
都市計画道路	4.0
一般市道	3.0
高水敷（歩道）	2.0
一般的な河川	2.0

(b) 橋梁の利用状況 κ_2

条件	配点
横断歩道橋	1.0
人道橋・側道橋	2.0
車道橋（1車線）	4.0
車道橋	5.0

(c) 橋長 κ_3

条件	配点
橋長5m未満	1.0
橋長5～15m	2.0
橋長15～50m	4.0
橋長50m以上	5.0

(d) 路線の重要度 κ_4

条件	配点
①一般市道	1.0
②都市計画道路	3.0
③重要アクセス道路	5.0

(e) ライフラインの有無 κ_5

条件	配点
無し	1.0
1個	3.0
2個以上	5.0

橋梁の重要度に関する評価点 RD
$$RD = \kappa_1 + \kappa_2 + \kappa_3 + \kappa_4 + \kappa_5$$

されることになる。

①検討結果をもとに損傷の経年変化を分析する。

これは計画で想定した部材の損傷進行や耐用年数を、点検データが貯まってきた時点で見直そうとするものである。

②詳細調査に基づき計画で採用した補修工法と実際に採用した補修工法との違いを評価する。

これは計画段階で想定していた補修工法が切り替わった場合、その理由を明確にし、以後の修繕計画に反映していこうとするものである。

③計画修繕費と実績修繕費との比較を行う。

これは計画と実績の違いの理由を確認し、計画の軌道修正を行うものである。

上記3点のうち、最初の劣化損傷速度、耐用年数の見直しは、市町村で毎年実施する必要はなく、状況によっては国、県レベルの点検を通

表5-9 全国市町村の橋梁重要度の考え方　　○は検討対象橋選定にあたっての配慮事項

市町村	全管理橋梁数	検討対象橋梁数	(a)路下条件	(b)利用状況	(c)橋長	(d)路線重要度	(e)ライフラインの有無	その他
青森県東通村	―	9橋（15m以上）		○	○	○		交通量、大型車交通量、バス路線、う回路の有無
岩手県花巻市	1050橋	201橋（15m以上）			○			重要度の記載なし
山形県南陽市	195橋	39橋						重要度の記載なし
石川県輪島市	437橋	56橋（H19点検）			○	○		地域間を結ぶ重要路線、迂回路の有無
岐阜県川辺町	136橋	2橋（15m以上の重要橋）			○	○		道路ネットワーク上重要な橋梁
京都府八幡市	127橋	127橋	○			○		緊急避難路に架かる橋など公共性の高い橋 高齢橋など重点管理を要する橋
兵庫県豊岡市	1342橋	163橋（15m以上で一定経過年数を経た橋）			○			重要度の記載なし
鳥取県三朝町	120橋	38橋（15m以上）	○		○	○		交通量
熊本県天草市	1145橋	125橋（管理水準Ⅰの14.5m以上の橋）	○		○	○		防災的見地を踏まえた市内道路ネットワーク
長崎県雲仙市	541橋	86橋（15m以上）			○	○		市内の地区間を結ぶ路線、国道、主要県道へのアクセス道路、観光地へのアクセス道路、近隣に重要な施設（学校、病院等）、バス路線

表5-10(a)　橋の重要度と管理区分　新潟県　橋梁長寿命化検討委員会資料　H 22.02 [51]

グループ	道路ネットワーク機能	損傷に対するリスク	管理区分
1	・緊急輸送道路第1次 ・交通量20,000台/日以上	・跨線橋、跨道橋 ・塩害地区橋梁	予防維持管理1
2	・緊急輸送道路第2次 ・交通量5,000台/日以上	・大型車交通量1,000台/日以上	予防維持管理2
3	・交通量1,000台/日以上	・大型車交通量250台/日以上	事後維持管理1
4	・交通量1,000台/日未満	・大型車交通量250台/日未満	事後維持管理2

表5-10(b)　橋の重要度と管理区分　横浜市　橋梁長期保全更新計画検討報告書　H 16.03 [52]

グループ	橋梁の分類	条件	管理区分
1	主要橋梁	跨線橋、跨道橋	予防維持管
2	主要橋梁	渡河橋、陸上部の主要橋梁	予防維持管
3	主要橋梁	跨線人道橋	予防維持管
4	一般橋梁	橋長＞10m	事後維持管理
5	一般橋梁	橋長≦10m	観察維持管理
6	土木遺産橋梁	土木遺産として遺す橋梁	個別対応

表5-10(c)　橋の重要度と管理区分　島根県　橋梁長寿命化修繕計画　H 19 [53]

グループ	内容	管理区分
1	・第三者被害を及ぼす可能性のある橋梁（跨道橋、跨線橋、渡海橋）	予防維持管理
2	・緊急輸送道路（第1次～第3次） ・特殊橋梁（吊橋、斜張橋等）、長大橋（橋長100m以上）	予防維持管理
3	・周辺に適切な迂回路のない橋梁 ・当該橋梁が通行止めになると孤立集落が発生する橋梁 ・塩害影響地域（海岸線から200m以内）	予防維持管理
4	・グループ1～3以外で橋長10m以上	予防維持管理
5	・グループ1～3以外で小規模橋梁（橋長10m未満） ・グループ1以外で自転車道、歩道橋、側道橋	事後維持管理

表5-10(d)　橋の重要度と管理区分　広島県　橋梁維持管理検討委員会資料　H 19 [54]

グループ	跨線・跨道橋・渡海橋	第1次緊急輸送道路	その他条件	管理区分
1	吊り橋や斜張橋等の特殊橋梁・長大橋の跨線橋・跨道橋・渡海橋	—	—	予防維持管理
2	橋長が15m以上の跨線橋・跨道橋・渡海橋	吊り橋や斜張橋等の特殊橋梁・長大橋	—	予防維持管理
3	15m未満の跨線橋・跨道橋・渡海橋	橋長が15m以上の橋梁	吊り橋や斜張橋等の特殊橋梁・長大橋	予防維持管理
4	—	—	橋長が15m以上の橋梁	事後維持管理
5	—	15m未満の橋梁		観察維持管理

表5-10(e)　橋の重要度と管理区分　香川県　橋梁長寿命化修繕計画　H 21.12 [55]

グループ	適用	管理区分
Ⅰ	・橋長100m以上かつ最大支間長50m以上の橋梁 ・歴史的橋梁など維持管理上優先度が極めて高い橋梁	高度予防維持管理
Ⅱ	Ⅰ、Ⅳを除く橋梁で、以下のいずれかに当てはまる橋梁 ・橋長15m以上の橋梁、跨線橋・跨道橋、緊急輸送路上の橋梁	予防維持管理
Ⅲ	Ⅰ、Ⅱ、Ⅳを除く橋梁	事後維持管理
Ⅳ	特に指定する橋梁 ・架替えが決まっている橋梁 ・古い橋梁で、修繕より架替えが妥当と考えられる橋梁 ・迂回路が近接してある等、緊急対応が可能な橋梁　など	観察維持管理

じて実施された情報を提供してもらい、劣化スピードの速い損傷に関して注意を払い、計画を見直す対応とすればよいと考える。

注意すべきは②と③で、計画段階で想定している補修工法は割り切った標準工法であり、実際の予算執行では現場の実情に合わせた工法が選定されることになる。そこで補修費用も大きく違ってくることがあると考えられ、見直しが必要となる。

補修工事の執行年も同様で、計画の執行年はあくまで全体計画に立ったものであり、個別年度の予算執行内容は、橋梁の損傷実態に合わせて行わなければならない。

例えば、伸縮装置は計画では通常耐用年数を10年〜30年程度に定められ、現実の損傷度に関係なく更新年は決められることが多い。しかし更新年を迎えても健全である伸縮装置もあり、その場合は更新は見送ることができる。同様に鋼橋の塗替えや舗装の更新も同じで計画更新年はあくまで目安でしかない。

計画と実態との乖離を埋め、中長期的維持管理方針に立った長寿命化計画とすることが事後評価の目的である。

5.3 市町村における橋梁長寿命化修繕計画

香川県内市町のこれまでの道路管理状況を見ると、局所的な損傷に対する対症療法的な補修・補強実績はあるが、橋梁点検がほとんど実施されていないため、橋の現況を把握出来ていなかった。そのため、橋梁の維持管理費を当初予算に計上することもなく、建設以来一度も塗装の塗替えを実施していない鋼橋も数多く見受けられた。平成20年8月に開講した「実践的橋梁維持管理講座」の初回講義で、道路管理者が橋梁調査を行い、管理橋梁の現状を調べて欲しいと要請した。要請を受けて、市町の道路管理者が橋梁点検を実施する中で、管理橋梁の損傷状況が明らかとなってきた。その結果の一部が講座で取り上げた損傷事例報告として4.2に示す橋梁である。

5.1で市町村道の橋梁の特徴を述べたように、市町村道の橋は多くの交通量を支える機能というより地域の生活道路として存在することを求められているものが多い。それとは別に、新しい道路が整備されたことで、自動車道としてほとんど利用されなくなっている場合もある。このようなことから、市町村の橋は、必ずしも国道や県道と同じレベル・形態の管理を求める必要がなく、利用状況に合わせて柔軟性を持った維持管理を行うことが必要である。すなわち、市町村が管理する橋の長寿命化修繕計画を作成する場合、国や都道府県、政令指定都市とは異なった視点が必要となる。

「香川県橋梁長寿命化修繕計画」と対比しながら、市町村道における計画のポイントを述べる。☐☐☐内は香川県の橋梁長寿命化修繕計画である[55]。なお、香川県橋梁長寿命化修繕計画は、国総研の「道路橋に関する基礎データ収集要領（案）[3]」をベースとして作成されている。

5.3.1 長寿命化修繕計画の目的

１．長寿命化修繕計画の背景・目的
（1）背景
　県が管理する道路橋（橋長2m以上）は、1,439橋あり、このうち、建設後50年を経過する高齢化橋梁は、約140橋（約10％）あります。

　20年後には、急速に高齢化橋梁が増大し、約1,030橋（約72％）に達する見込みです。今後、公共事業関連予算は減少傾向にある中、橋梁の修繕・架替えに使うことのできる費用には限りがあります。

このような背景から、増大が見込まれる橋梁の修繕・架替えに充てる費用に対し、可能な限りのコスト削減の取組みが不可欠です。

(2) 目的

県では道路交通の安全性を確保しつつ、コスト縮減を図るため、これまでの対症療法的な対応から予防的で計画的な対応により、橋梁を長寿命化させる方針に転換します。(そこで必要となる各橋梁の維持管理計画を、長寿命化修繕計画といいます。)

(3) 県の橋梁の状況

平成21年度計画対象橋梁720橋のうち、健全性の高い損傷区分a、bの橋梁が79％、劣化が進みつつある損傷区分cの橋梁が17％となっています。また、健全性の低い損傷区分d、eの橋梁が4％あり、これらの橋梁については優先的に修繕を行う予定です。

橋梁長寿命化修繕計画の背景・目的を各自治体の状況に応じて記述する。長寿命化修繕計画は、損傷が致命的となる前に補修・補強を行う予防保全的な長寿命化対策を行うことにより、橋の供用期間中に必要となる維持管理費を最小化しようとするものであり、計画作成の前提として、管理橋梁の現状を把握する必要がある。国の施策では、市町村が平成25年度までに点検結果を踏まえた補修・補強計画を作成し、計画に則って長寿命化対策を実施する場合には、点検調査、計画作成及び補修・補強対策に要する費用の1/2を補助することとなっている。なお、その対象は橋長15m以上の橋梁に限られる。

長寿命化修繕計画は国の補助金を受けるための手段であり、補助の対象は橋長15m以上の橋梁に限られるが、この機会に2m以上の管理橋梁のすべてについて調査点検を実施して損傷状況を把握すべきである。

【高松市】

高松市は人口約42万人の県庁所在地で、約1,500の橋長2m以上の橋梁を管理している。橋梁長寿命化修繕計画は橋長10m以上の231橋を対象として策定され、平成22年10月に高松市のホームページ上に公開された[56]。

【丸亀市】

丸亀市は人口約11万人の香川県第2の都市であり、522の橋長2m以上の橋梁を管理している。橋梁長寿命化修繕計画は橋長15m以上の51橋を対象として策定され、平成22年10月に丸亀市のホームページ上に公開された[57]。

【琴平町】

琴平町は金刀比羅宮の門前町として栄えている人口約5,400人の町であり、橋梁長寿命化修繕計画では管理橋梁70橋のうち、橋長15m以上の15橋を対象としている。

5.3.2 計画の対象橋梁

2．長寿命化修繕計画の対象橋梁

県が管理する橋梁数と平成21年度計画策定橋梁数を道路種別ごとに以下に示します。

平成21年度は、一般国道8橋、主要地方道328橋、一般県道24橋、合計360橋分を平成20年度分に追加した、計720橋を対象としました。

	一般国道	主要地方道	一般県道	合計
全管理橋梁	163	617	659	1,439
H19年度までの計画策定橋梁	0	0	0	0
H20年度計画策定橋梁	133	180	47	360
H21年度計画策定橋梁	8	328	24	360

香川県の橋梁長寿命化修繕計画では橋長2m以上の全管理橋梁を対象とし、対象橋梁を一般国道、主要地方道、及び一般県道の3種類に分類している。しかし、市町村が管理する道路橋

ではこのような分類は出来ない。一例として、高松市と丸亀市における例を次に示す。

【高松市】

平成21年度は重要度が高い橋長10m以上の231橋について、今後の点検・対策計画（橋梁長寿命化修繕計画）を策定した。管理橋梁は道路種別として道路橋と歩道橋に分け、更に跨線橋（跨道橋）とそうでない橋に分類している。残る橋長10m未満の1,260橋についても引き続き橋梁長寿命化修繕計画を策定する。

高松市が管理する橋梁数	道路橋		歩道橋		合計
	跨線橋（跨道橋）	その他	跨線橋（跨道橋）	その他	
管理橋梁【10m以上】	2(11)	184	3(1)	30	231
合計	197		34		

【丸亀市】

丸亀市では平成21年度に橋長15m以上の道路橋51橋について、点検と計画策定を行った。引き続き橋長10m以上の橋梁を対象とした点検・計画策定を行う。

	1級市道	2級市道	その他市道	合計
全管理橋梁	75	64	383	522
うちH21年度計画策定橋梁	19	6	26	51

5.3.3 健全度の把握及び日常的な維持管理に関する基本的な方針

> 3. 健全度の把握及び日常的な維持管理に関する基本的な方針
>
> (1) 定期点検の実施
> 　健全度の把握については、県で作成した「橋梁点検要領」、「橋梁点検マニュアル」に基づき私たちの健康診断と同様に定期的に実施し、橋梁の損傷を早期に把握することで予防的で計画的な対応ができるようにします。

　健全度の把握については、橋梁長寿命化修繕計画策定をきっかけとして、職員が全橋梁について調査・点検することが望ましい。点検について外部に委託する場合においても、前回点検の結果が損傷有、あるいは損傷区分c～eの損傷橋梁については職員が直接現地に出向いて損傷状況を確認して欲しい。

　香川県では平成20年度から23年度の4年間で県職員の手により全管理橋梁1,439橋の点検を一巡し、平成25年度から2回目の点検に入るとしている。それに対して高松市では、今回対象とした10m以上の橋梁の点検作業は外部委託しているが、引き続き点検に入る橋長2m以上10m未満の橋梁については高松市職員が実施する予定である。また丸亀市と琴平町では、一巡目の点検作業を全て外部委託している。

　国土交通省や香川県が管理する主要道路上の橋梁については、概ね5年に1度の定期点検により橋梁の損傷状況を把握することが大切であるが、道路予算・管理者数が少ない市町村で同水準の点検を行うことは困難であり、管理橋梁の全てに同様な点検を行う必要はないと思われる。初回点検結果を見て、損傷の進行が見受けられない橋梁については次回点検を先送りすることも許容されよう。

　橋梁の損傷は支点付近がそれ以外の部位と比較して顕著となる傾向がある。それは、支点付近は湿潤状態になりやすく、鋼桁の端部では発錆による支承の固着化や主桁ウェブや補剛材の断面欠損となって現れる。特に、橋台上に泥が堆積していると、この現象は更に増長される。パトロール時に橋台上を清掃する、あるいは局部的な発錆については、ペンキを塗るだけで橋の損傷劣化を遅らせることが可能となる。桁端部は比較的タッチアップが容易であり、パトロール時にこのような対応を行い、橋の長寿命化に心掛けてほしい。

5.3.4 対象橋梁の長寿命化及び修繕・架替えに係る費用の縮減に関する基本的な方針

> **4．対象橋梁の長寿命化及び修繕・架替えに係る費用の縮減に関する基本的な方針**
>
> (1) 目的
>
> これまでの橋梁維持管理は、劣化が顕著化した時点でその都度劣化状況に応じた修繕を行う「対症療法型」であり、そのような維持管理では60～75年の寿命といわれていました。それを早め早めの修繕を行う「予防保全型」に転換し、橋梁寿命を100年に長寿化することで、予防保全による修繕費等は増加しますが、長期的な視野で橋梁の更新回数を少なくすることができ、修繕と更新（架替え）を合わせたライフサイクルコスト（LCC）の縮減を可能にします。
>
> **長寿命化のイメージ**
>
> (2) LCC試算、最適工法の設定
>
> 予防保全を行うことで寿命を延ばし、架設から100年（歳）で架替えると仮定します。現時点から架替えまでのLCCが最も安価となるように最適な修繕時期・工法を設定し、これを各橋梁ごとに検討します。
>
> (3) 最小LCCの算定
>
> 現時点から50年間を長期計画と位置づけ、平成20・21年度に計画策定する720橋において、上記(2)のLCC試算で設定された最適な修繕時期・工法を行った場合における、年間コスト合計の推移を最小LCCとして算定します。
>
> (4) 予算平準化の実施
>
> 最小LCCとして算定された50年間のコストを、1年間の修繕にかけることが可能な予算を踏まえ、橋梁の重要度、部材の損傷度から勘案し、実行可能な計画とするために予算の平準化を行います。

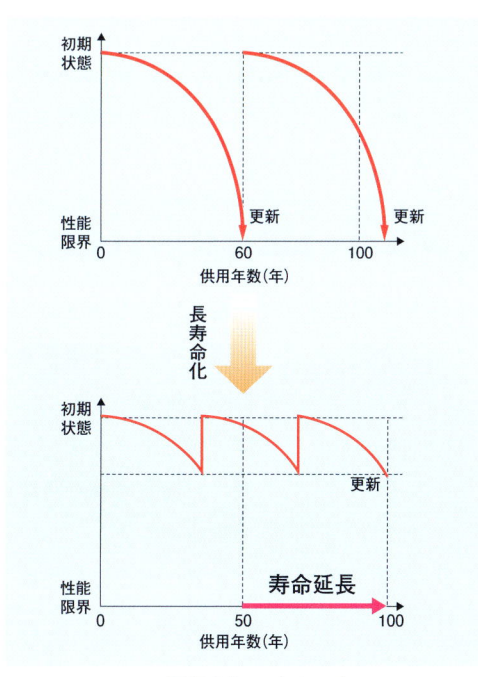

長寿命化修繕計画では、建設（あるいは現時点）から廃棄までの費用の合計であるライフサイクルコスト（以下LCCと呼ぶ）を橋ごとに計算する。香川県におけるLCC計算の条件と基本方針を次に示す。

・従来鋼橋60年、コンクリート橋75年と設定していた橋梁の寿命を、予防的に保全を行うことにより100年に長寿命化する。

・個々の橋梁の計算期間は寿命（架設から100年）までとし、補修・補強は現時点から寿命までの修繕費が最小となるような修繕工法とタイミングで行う。

・LCC計算は、劣化予測部材と従来対応部材（支承、伸縮装置、高欄など）に分けて行う。

・劣化予測部材のLCC計算は、劣化予測式にしたがって劣化が進むとの前提で、計算開始年から寿命を迎えるまでの修繕費の総額が最も経済的となる修繕のタイミングと工法を決定する。

・劣化予測部材のLCCは構造別に行う。

・従来対応部材のLCC計算は個別に行わず、

これまでの実績等を参考にして総額として設定する。
・LCC 計算期間がその橋梁の寿命より長い場合は、寿命に達した翌年に架替え費を計上し、架替え後の修繕費は計上しない。
・長期計画は、計算開始年から 50 年間の LCC 計算結果を用いて作成する。

　香川県における橋梁長寿命化修繕計画では、橋長 15 m 未満の橋梁で緊急輸送路上の橋梁、あるいは跨線橋、跨道橋を除く橋梁を「Ⅲ．事後維持管理対応」橋梁として補修遅れを許すとともに、補修遅れによる架替えも許容している。また、「Ⅳ．観察維持管理対応」橋梁として、架替えや撤去を前提としている橋梁も許容する。

　市町村が橋梁長寿命化修繕計画を作成する場合、地域の生活道路として使用されている橋梁については予防保全による合理的な橋の長寿命化を図る必要があるが、新しい道路が整備されたことで自動車道としてほとんど利用されなくなった道路橋や迂回路が近隣して存在する橋の場合には、橋の損傷状況に応じて交通制限を行うことや歩行者の利用に制限するなどの手段を選択することも必要と考える。自動車荷重を制限する、あるいは歩行者専用とすることにより、損傷に対する補修・補強負荷の著しい軽減が可能であり、維持管理費の増加を抑えることができる。

5.3.5　対象橋梁ごとの修繕計画

５．対象橋梁ごとの修繕計画

(1) 橋梁の対応区分
　県管理の橋梁は、橋梁の規模、機能、路線等の重要度等を踏まえ、以下の４つのグループで管理します。

対応区分	適　　用
Ⅰ高度予防維持管理対応	・橋長100m以上かつ最大支間長50m以上の橋梁 ・歴史的橋梁など維持管理上優先度が極めて高い橋梁
Ⅱ予防維持管理対応	Ⅰ、Ⅳを除く橋梁で、以下のいずれかに当てはまる橋梁 ・橋長15m以上の橋梁 ・跨線橋 ・緊急輸送路上の橋梁 ・跨道橋
Ⅲ事後維持管理対応	Ⅰ、Ⅱ、Ⅳを除く橋梁
Ⅳ観察維持管理対応	特に指定する橋梁 ・架替えが決まっている橋梁 ・古い橋梁で、修繕より架替えが妥当と考えられる橋梁 ・迂回路が近接してあるなど緊急対応が可能な橋梁など

上記の区部ごとに、修繕のルールを定めています。

(2) 橋梁の優先度
　橋梁の修繕の順位付けは、対応区分を優先的に考慮しますが、同じ対応区分の橋梁については、路線状況など以下に示す要因を点数化したものと、損傷状況を点数化したものの両方を踏まえて修繕の順位付けを行います。

・部材の損傷状況	→主桁、床版等の主部材の損傷の著しい橋梁の修繕を優先
・緊急輸送路	→緊急輸送路（一次～三次）に指定された路線の橋梁を優先
・交通量	→交通量の多い橋梁の修繕を優先
・橋長	→橋長の長いものを優先
・交差条件	→道路、鉄道等、重要施設を跨ぐ橋梁を優先

(3) 橋梁の損傷度
　橋梁定期点検により、各橋梁の部材ごとに損傷度を評価しています。

> これらの要素から修繕優先度を算出し、それを考慮して修繕計画を策定しています。

　香川県では、予防保全により維持管理する橋梁を、「Ⅰ.高度予防維持管理対応」と、「Ⅱ.予防維持管理対応」の2種類に分類している。前者に属する橋梁については設定された修繕年に必ず修繕を実施することとし、後者では予算に制約がある場合には修繕優先度が上位のものから修繕を行うとしている。修繕優先度が低い橋梁については修繕遅れを許すが、修繕遅れによる架替えは許容しない。

　修繕優先度は、「部材の健全度」と「橋梁の重要度」の2つを勘案して決定している。「部材の健全度」の計算では、主桁や床版等の部材ごとに、部材を構成する要素の損傷状況に応じて点数化した数値と要素ごとに決められた重みを掛け、全要素の値を総和して部材の損傷度を算出する。損傷度が求められると、健全度＝（100−損傷度）により部材の健全度が計算される。次に、「橋梁の重要度」については、①緊急輸送路、②交通量、③橋長、④交差物件の4項目について評価指標を求め、4項目すべてを0.25の重みとして、重要度＝Σ（重み×評価点）により計算する。健全度と重要度を掛け合わせた値が大きい橋梁から順に修繕優先度を決定する。

　部材の健全度については、市町村の橋梁についても都道府県の計算と大きく異なる事がないと思われるが、「橋梁の重要度」については国や都道府県と市町村では指標が違ってくる。高松市と丸亀市の橋梁長寿命化修繕計画策定の考え方を参考に示す。

【高松市】
　高松市では橋長10m以上の橋梁を対象として予防保全に基づいた長期修繕計画を作成している。優先順位については「橋梁の重要度」と「部材の損傷度」を考慮した修繕優先度を計算し、予算平準化の際にLCC最小修繕年が同じであれば、修繕優先度が高い橋梁から順に修繕を行う。

　橋梁の重要度評価指標として、①道路ネットワークの確保（被災時）、②道路ネットワークの確保（常時）、③対策費用の低減（橋長）、④交差物件の4項目を設定している。橋梁の重要度の指標として交通量が考えられるが、高松市では交通量調査を実施していないため、交通量に代わる指標として②道路ネットワークの確保（常時）に車道幅員を採用した。各項目の指標区分を次に示す。

> ・道路ネットワークの確保（被災時）
> 　①緊急輸送路の指定あり、②緊急輸送路以外の道路、③歩道橋（跨線橋、跨道橋）、④歩道橋（跨線橋、跨道橋形式は除く）
> ・道路ネットワークの確保（常時）
> 　①車道幅員14.0m以上（4車線以上）、②車道幅員6.5m以上14.0m未満（2車線相当）、③車道幅員4.0m以上6.5m未満（1車線相当）、④車道幅員4.0m未満
> ・対策費用の低減（橋長）
> 　①100m以上、②50m以上100m未満、③25m以上50m未満、④15m以上25m未満、⑤10m以上15m未満、⑥10m未満
> ・安全性の確保（交差物件）
> 　①鉄道と交差、②道路（高速道路、国道、主要地方道、県道、市道）と交差、③道路（その他の道路、駐車場、河川敷の遊歩道等）と交差、④河川、その他

【丸亀市】
　丸亀市では、香川県における「Ⅱ.予防維持管理対応」（架替えは許さない）の適用範囲を、

丸亀市の予算の実状を考慮して緊急輸送路上の橋梁13橋に限定している。

しかし、緊急輸送路上の橋梁以外に、生活道路として交通量が多い橋梁で損傷が進んでいる2橋については橋梁長寿命化修繕計画の中で優先的に取り上げ、全15橋を対象として計画策定している。

【琴平町】

琴平町では、橋長15m以上について橋梁長寿命化修繕計画の対象橋梁として点検した結果、損傷区分がc、dに対応する橋梁が数橋あることがわかった。これらの橋梁の修繕に必要な予算を確保することは困難であり、損傷状況を見極めながら対策を実施することとした。琴平町では、筆者が現地に入って点検・判断を行っているが、必要に応じて工事発注とは切り離して健全度診断を先行し、交通制限などの対策を実施しながら修繕の先送りをすることも必要となろう。

5.3.6　長寿命化修繕計画策定による効果

> 6. 長寿命化修繕計画策定による効果
>
> 県では、有識者の意見を伺いながら、平成21年度に720橋に関して、今後50年間に必要とされる維持管理費を予測し、長寿命化修繕計画を立案しました。その結果、全く修繕を行わず、劣化が激しくなった段階で架替える場合（対症療法型）と最も経済的な維持管理ができるように早めに修繕を行った場合（予防保全型）を比較すると、予防保全型へ転換することにより、修繕費の大幅な縮減が見込まれることがわかりました。
>
> なお、この予測は720橋に対する限定的なものであり、残る719橋の老朽化の程度によって、維持管理費は変わります。今後、検討を行うたびに報告します。

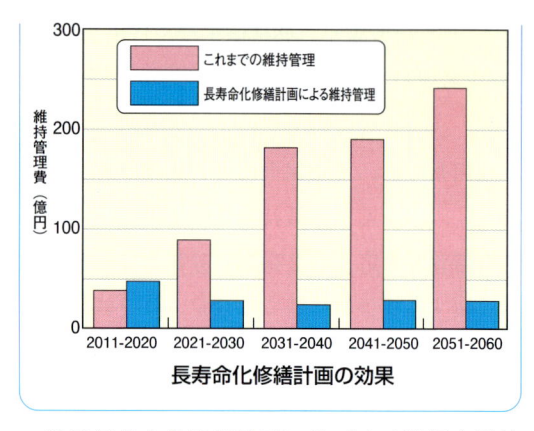

長寿命化修繕計画の効果

橋梁長寿命化修繕計画に基づく予防保全維持管理費用とこれまでの維持管理手法（事後保全維持管理）に基づく維持管理費用を比較して、長寿命化修繕計画策定による効果を示す。

橋梁長期修繕計画を策定する際、橋梁の維持管理に使用できる予算の見極めが大切となる。予算規模が固まれば、LCCが最小となるように予算を平準化させて無理がない計画を作成する事になるが、大規模橋梁の修繕の場合、大きな費用が発生し年度の予算を遥かに凌駕する事も起こりうる。また、LCC最小化のためには、年間の修繕予算を超えた支出が必要となるケースも発生する。

高松市では、橋の長寿命化修繕費用を年間1億円の予算として計画しているが、老朽化対策橋梁が急増する2026年から20年間は2億円の予算を注入して重点的に修繕工事を実施する計画としている。また、丸亀市では年間3,000万円の修繕費用を計上しているが、1橋で1億円を超える修繕費を必要とする橋梁があり、複数年度の工事を余儀なくされるケースが見受けられる。このような場合には、可能な限り予算を集中して工事期間を短縮する努力が必要である。

7．計画策定担当部署および意見をいただいた有権者

(1) 計画策定担当部署
● 香川県　土木部　道路課　建設・維持グループ

　問合せ先：087-832-3532

(2) 意見をいただいた有識者

　計画策定を進めていく体制について、以下の検討会を立ち上げ、有識者から意見を聴取しました。

● 検討会名
　　香川県橋梁長寿命化修繕計画策定検討会
● 有識者
　　高松工業高等専門学校
　　　　　建設環境工学科　太田貞次　教授

　香川県内市町では、橋梁長寿命化修繕計画策定の検討会に香川県職員が同席するシステムを採用している。それは市町の道路管理や、道路管理者の技術力向上に県が積極的に協力する道路管理体制の構築を期待しているためである。

参考文献

1）建設マネジメント技術　2009.03　「道路橋の予防保全に向けた取り組みについて」　信太啓貴
2）橋守支援センターHP
　http://hashimori.jp/npo/index.html
3）「道路橋に関する基礎データ収集要領（案）」H 19.05　国土交通省国土技術政策総合研究所
4）「橋梁点検要領（案）」　H 20.06　香川県
5）「橋梁の架替に関する調査研究(Ⅰ)」土木研究所資料、第2723号、1989.01
6）「橋梁の架替に関する調査研究(Ⅱ)」土木研究所資料、第2864号、1990.03
7）「橋梁の架替に関する調査研究(Ⅲ)」土木研究所資料、第3512号、1997.10
8）「橋梁の架替に関する調査結果(Ⅳ)」国総研資料、第444号、2008.04
9）「耐久性の優れたコンクリート構造物-道路構造物-」小林ら、土木学会論文集、第378号／V-6　1987.02
10）山添橋の損傷、国土交通省奈良国道事務所HP　H 18.11
11）妙高大橋の損傷、北陸地方整備局　管内事業研究会　H 22年度報告
12）木曽川大橋の損傷、国土交通省三重河川国道事務所HP　H 19.06
　http://www.mdrc.go.jp/mie/bousai_jyouhou/index.htm
13）浅川新橋の損傷、国土交通省長野国道事務所HP　H 21.03
　http://www.ktr.mlit.go.jp/nagano/
14）「道路橋の重大損傷　最近の事例」H 21.03　海洋架橋・橋梁調査会
15）「コンクリートゲルバー橋補強対策マニュアル（案）」平成8年8月　（財）道路保全技術センター
16）「道路橋の塩害対策指針（案）・同解説」日本道路協会　昭和59年
17）「BWIMによる国道19号木曽地域の荷重実態調査とその分析」Ⅰ-561　土木学会第59回年次学術講演会　平成16年9月
18）大阪市中央区「橋洗いブラッシュアップ大作戦」
　http://www.city.osaka.lg.jp/chuo/page/0000044091.html
19）NPO法人　ふるさ都・夢づくり協議会　「なにわ八百橋・橋洗い」
　http://www.furusato.gr.jp/hasiarai/hasiarai_b.htm
20）内山建設　「たいえい橋」の清掃
　http://www.uchiyama-const.com/
21）橋梁洗浄技術の開発　川田技報　Vol 21. 2002
22）「アセットマネジメントに基づいた橋梁劣化予防について」本間ら、北陸地方整備局　平成18年度管内事業研究会
23）「簡易橋梁洗浄装置の開発と活用」原崎ら、北陸地方整備局　平成19年度　管内事業研究会
24）「橋梁洗浄に関する北海道での取り組みと米国における実態調査」　磯ら、橋梁と基礎、2004.09
25）岩手県　花巻市　橋梁長寿命化修繕計画
　http://www.city.hanamaki.iwate.jp/living/dokan/choju.html
26）「社会基盤メンテナンスサポーター」岐阜県美濃土木事務所HP
27）北海道HP　市町村管理橋の長寿命化修繕計画策定状況について
28）「国道8号金山橋における橋梁補修事例」児玉優一　近畿地方整備局　平成22年度研究発表会
29）「コンクリート構造物の損傷とその防止対策-中国道の現場から-」大中ら、EXTEC　No. 62
30）山形県　南陽市　橋梁長寿命化修繕計画

http://www.city.nanyo.yamagata.jp/009/doboku/cyoujumyouka.pdf
31) 「鋼道路橋の局部腐食に関する調査研究」国総研資料、第294号
32) 「鋼道路橋の部分塗替え塗装要領（案）」H 21.09 国土交通省
33) 乾式ブラスト施工協会 HP
34) 「インバイロワン工法を利用した国道1号桜宮橋塗装修繕工事について」岩本明久、近畿地方整備局平成20年度研究発表会
35) 「物理的素地調整法に代わる塗布形素地調整軽減剤「サビシャット」について」大日本塗料㈱ DNT コーティング技報、2004.10
36) NETIS 新技術情報システム「マイティCF-CP 無機系防錆材料」
37) 「自治体管理・道路橋の長寿命化修繕計画　計画策定マニュアル（案）」平成19年3月　国土交通省
38) 長崎県 HP
39) 国土交通省　「道路統計年報2006」
40) 青森県東通村　橋梁長寿命化修繕計画
http://www.net.pref.aomori.jp/higashidoori/osirase/hashikeikaku.pdf
41) 岩手県　花巻市　橋梁長寿命化修繕計画
42) 山形県　南陽市　橋梁長寿命化修繕計画
43) 石川県　輪島市　橋梁長寿命化修繕計画
http://www.city.wajima.ishikawa.jp/kurashi/doboku/cyoujumyouka.pdf
44) 岐阜県　川辺町　橋梁長寿命化修繕計画
http://www.town.gifu-kawabe.lg.jp/pdf/kiban/tyoujumyouka.pdf
45) 京都府　八幡市　橋梁長寿命化修繕計画
http://www.city.yawata.kyoto.jp/info/dorokotsu/dorokasen/dorokasen3
46) 兵庫県　豊岡市　橋梁長寿命化修繕計画
http://www.city.toyooka.lg.jp/www/contents/1246604166941/index.html
47) 鳥取県　三朝町　橋梁長寿命化修繕計画
http://www.town.misasa.tottori.jp/315/319/329/5791.html
48) 熊本県　天草市　橋梁長寿命化修繕計画
http://www.city.amakusa.kumamoto.jp/info/upload/p15518253_1825_21_ffkg55dg.pdf
49) 長崎県　雲仙市　橋梁長寿命化修繕計画
http://www.city.unzen.nagasaki.jp/file/temp/5212060.pdf
50) 「市町村レベルにおける橋梁の維持管理対策優先順位決定手法の提案」古市ら、橋梁と基礎　2009.6
51) 新潟県橋梁長寿命化検討委員会　H 21.03
http://www.pref.niigata.lg.jp/dourokanri/1203440477912.html
52) 横浜市　橋梁長寿命化修繕計画　H 16.03
http://www.city.yokohama.jp/me/douro/kyouryou/assetomanegimento/assetomanegimento.html
53) 島根県　橋梁長寿命化計画　H 20
http://www.pref.shimane.lg.jp/infra/road/douroiji/seibi_keikaku/tyoujumyouka/tyouju_keikaku.html
54) 広島県　橋梁長寿命化修繕計画　H 21.02
http://www.pref.hiroshima.lg.jp/www/contents/1234429454049/files/hiroshimabridge.pdf
55) 香川県　橋梁長寿命化修繕計画　H 21.12
http://www.pref.kagawa.jp/douro/home/tyoujyumyouka/tyoujumyouka.pdf
56) 高松市　橋梁長寿命化修繕計画　H 22.10
http://www.city.takamatsu.kagawa.jp/file/16697_L11_tyouzyumyouka221006.pdf
57) 丸亀市　橋梁長寿命化修繕計画　H 22.10
http://www.city.marugame.kagawa.jp/itwinfo/i14139/file/kyouryou_plan.pdf
58) 鋼構造シリーズ14　「歴史的鋼橋の補修・補強マニュアル」　土木学会　2006.11
59) 「わが国における橋梁建設技術の近代化の方向づけについて」五十畑ら、土木学会論文集、第536号／Ⅳ-31　1996.4
60) 「鉄の橋百選―近代日本のランドマーク」成瀬輝男、東京堂出版
61) 「現存する日本最古の道路用鋼桁橋」日野伸一、九州技報 No.36

関連資料

日本の歴史的橋梁 (一部海外橋梁を含む)

架設年 西暦	架設年 元号	建設地	橋梁名	形式	材料	橋長(m)	経過年数	現状	文化財指定等	特筆事項
1498	弘治11年	沖縄県	旧円覚寺放生橋	桁橋	石	3	513	保存	重要文化財	現存する最古の石橋
1502	文亀2年	沖縄県	天女橋	アーチ橋	石	10	509	保存	重要文化財	最古の石づくりアーチ橋
1634	寛永11年	長崎県	眼鏡橋	アーチ橋	石	22	377	人道橋	重要文化財	本土で最古の石づくりアーチ橋
1673	延宝元年	山口県	錦帯橋	アーチ橋	木	193	338	人道橋	世界遺産	日本を代表する木造橋
1779	安永8年	イギリス	アイアンブリッジ	アーチ橋	鉄	30	232	人道橋	世界遺産	世界最古の鉄橋
1832	天保3年	熊本県	祇園橋	桁橋	石	29	179	人道橋	重要文化財	石の桁橋として最古の橋
1854	安政元年	熊本県	通潤橋	アーチ橋	石	80	157	水路橋	重要文化財	名工「橋本勘五郎」の作った石橋
1868	慶応4年	長崎県	鎹橋（くろがね）	桁橋	鉄	22	143	架替え	—	最初の鉄橋
1869	明治2年	横浜市	吉田橋	トラス橋	鉄	25	142	架替え	—	日本で2番目の鉄橋
1870	明治3年	大阪市	高麗橋	トラス橋	鉄	71	141	架替え	—	日本で3番目の鉄橋
1873	明治6年	大阪市	心斎橋	トラス橋	鉄	37	138	保存	—	現存する最古の鉄橋
1878	明治11年	東京都	弾正橋	トラス橋	鉄	15	133	人道橋	重要文化財	国産初の鉄橋
1883	明治16年	アメリカ	ブルックリン橋	吊り橋	鉄	1834	128	道路橋	—	米国でもっとも古い吊り橋の一つ
1885	明治18年	兵庫県	御子柴山鉄橋	トラス橋	鉄	16	126	鉄道橋	重要文化財	最古の鋳鉄製の橋
1886	明治19年	岐阜県	旧揖斐川橋梁	トラス橋	鉄	325	125	人道橋	重要文化財	鉄道橋の規範となった橋
1888	明治21年	佐賀県	湯野野田橋	桁橋	石	15	123	道路橋	—	最古の現役道路橋
1888	明治21年	神奈川県	早川橋梁	アーチ橋	鉄	61	123	鉄道橋	登録有形文化財	最古の現役鉄道橋
1889	明治22年	東京都	多摩川橋梁	トラス橋	鉄	440	122	鉄道橋	—	日本2番目の現役鉄道橋
1890	明治23年	長崎県	出島橋	トラス橋	鉄	37	121	道路橋	土木学会選奨土木遺産	最古の現役鉄製道路橋 (本文5.1参照)
1890	明治23年	イギリス	フォース鉄道橋	トラス橋	鉄	1631	121	鉄道橋	—	完成時世界最長の鋼桁橋
1902	明治35年	大分県	明治橋	桁橋	鉄	33	109	人道橋	土木学会選奨土木遺産	最古の道路用鋼鈑橋
1903	明治36年	京都市	日ノ岡11号橋	桁橋	コンクリート	7	108	人道橋	国史跡	最初のRC橋
1903	明治36年	和歌山県	紀ノ川橋梁	トラス橋	鉄	366	108	鉄道橋	—	よく管理された現役鉄道橋
1904	明治37年	京都市	山ノ谷橋	アーチ橋	コンクリート	7	107	道路橋	国史跡	最初のコンクリートアーチ橋
1909	明治42年	仙台市	広瀬橋	桁橋	コンクリート	127	102	道路橋	—	最初のRC道路橋
1911	明治44年	東京都	日本橋	アーチ橋	石	49	100	道路橋	重要文化財	よく管理された現役の道路橋
1911	明治44年	兵庫県	餘部鉄橋	桁橋	鉄	310	100	一部保存	—	よく管理された現役RC道路橋 (本文5.1参照)
1912	大正元年	京都市	七条大橋	アーチ橋	コンクリート	112	99	道路橋	土木学会選奨土木遺産	よく管理された現役RC道路橋 (本文5.1参照)
1916	大正5年	岐阜県	美濃橋	吊橋	鉄	113	95	人道橋	重要文化財*	現役最古の吊橋
1917	大正6年	岡山市	京橋	桁橋	コンクリート	131	94	道路橋	土木学会選奨土木遺産	よく管理された現役の道路橋
1922	大正11年	香川県	大宮橋	桁橋	コンクリート	28	89	道路橋	—	よく管理された現役の道路橋
1926	大正15年	東京都	永代橋	アーチ橋	鉄	185	85	道路橋	重要文化財*	よく管理された現役の道路橋
1926	大正15年	広島市	猿候橋	アーチ橋	コンクリート	62	85	道路橋	—	原爆に耐えた現役の道路橋
1927	昭和2年	愛媛県	大宮橋	桁橋	コンクリート	43	84	道路橋	—	よく管理された現役の道路橋
1929	昭和4年	新潟県	万代橋	アーチ橋	コンクリート	307	82	道路橋	重要文化財*	よく管理された現役の道路橋 (本文5章,5.1参照)
1935	昭和10年	香川県	津田川橋	アーチ橋	コンクリート	63	76	道路橋	—	よく管理された現役の道路橋
1937	昭和12年	島根県	松江大橋	桁橋	コンクリート	134	74	道路橋	—	市民に愛されるシンボル橋
1951	昭和26年	石川県	長生橋	桁橋	コンクリート	12	60	人道橋	—	日本最初のPC橋

注記：1) 経過年数は2011年現在である。 2) *は土木学会選奨土木遺産でもある。 3) 特に断らない限り、最古とは日本最古、最初とは日本最初を指す。

●関連資料● 日本の歴史的橋梁

歴史的橋梁 1

現存する最古の石橋・旧円覚寺放生橋			
建設年	1498 年	橋年齢	513 歳

那覇市の首里城公園内の旧円覚寺の総門前に架かる石の桁橋。高欄に建設年の銘があり、日本に現存する最古の石橋と思われる。沖縄には珍しい桁橋で高欄には意匠性の優れる彫刻がある。戦災による破損も軽微で保存状態がよい。

所在地	沖縄県	橋長	3 m
現状	保存	指定	重要文化財
参考元	文化庁国指定文化財等データベースを参照。		

最古の石づくりアーチ橋・天女橋			
建設年	1502 年	橋年齢	509 歳

那覇市の首里城公園内の池に架かる石づくりアーチ橋。石材は琉球石灰岩で、戦災で傷められた橋を 1969 年修復復元。

所在地	沖縄県	橋長	10 m
現状	保存	指定	重要文化財
参考元	沖縄観光・沖縄情報 IMA HP に詳しい。		

本土で最古の石づくりアーチ橋・眼鏡橋			
建設年	1634 年	橋年齢	377 歳

唐僧・黙子如定の技術指導で架設されたといわれている。現存する本土最古の石造りアーチ橋であり、その石橋技術は全国の規範となった。
1647 年の大洪水で流され、翌 1648 年修復されたと伝えられている。以後、度重なる大洪水にも崩壊をまぬがれたが、1982 年長崎大水害で半壊し、翌 1983 年修復されている。

所在地	長崎県	橋長	22 m
現状	人道橋	指定	重要文化財
参考元	長崎観光情報「ここは長崎ん町」HP を参照。		

日本を代表する木造橋・錦帯橋			
建設年	1673 年	橋年齢	338 歳

他に例を見ない木造五連の反り橋が特徴。建設翌年、洪水により一部が流失したが、その年のうちに敷石を強化し再建された。以来 276 年の間、老朽による補修や架け替えは何度か行われたものの、流失することはなかった。それが 1950 年台風による増水で流失。
1953（昭和 28）年に再建された。2001 年から 2004 年にかけて平成の架替えが実施された。

所在地	山口県	橋長	193 m
現状	人道橋	指定	―
参考元	岩国の観光 .com HP に詳しい。		

173

歴史的橋梁 ❷

世界最初の鉄橋・アイアンブリッジ

建設年	1779 年	橋年齢	232 歳

イギリスで架設された世界最初の鉄橋。18世紀の後半は、石炭を燃料として鉄の生産が行われるようになった時期で、橋梁材料に鉄が初めて用いられた。それ以前の伝統的石造アーチの技術に、新たな製鉄技術の組み合わせで建設されたもの。鋳鉄製で、複雑な部材の組み合わせにボルト、リベット接合等が使われていないことも注目される。

所在地	イギリス	橋長	30 m
現状	人道橋	指定	世界遺産
参考元	参考文献 58）		

石の桁橋として最古の橋・祇園橋

建設年	1832 年	橋年齢	179 歳

天草市（旧本渡市）の市街に位置し、祇園神社の前にあるので「祇園橋」と言われている。石桁橋としては日本一の規模である。
多脚式アーチ型桁橋で、桁は石桁が9列密接して配置されている。橋脚は角柱で5本×9脚＝計45本となっている。このような石橋が残されているのは、当時の肥後（天草）の石工の技術の高さを示すものである。

所在地	熊本県	橋長	29 m
現状	人道橋	指定	重要文化財
参考元	よかとこ BY　九州の橋 HP を参照。		

橋本勘五郎の作った石橋・通潤橋

建設年	1854 年	橋年齢	157 歳

江戸時代末期から明治時代にかけて活躍した肥後の石工「丈八」（後に多くの石橋建設の功績により肥後藩より苗字帯刀を許され「橋本勘五郎」と名乗った）が作った日本最大の石造り水路橋。
150年以上もの間、大きな漏水もなく水路として機能している。

所在地	熊本県	橋長	80 m
現状	水路橋	指定	重要文化財
参考元	－		

日本初の鉄橋・銕橋（くろがねはし）

建設年	1868 年	橋年齢	(63 歳)※

長崎市に作られた日本初の錬鉄製の桁橋。設計はオランダ人技師。1931年まで供用されたが、現在はコンクリート橋となっている。
この橋をはじめ、初期の鉄の橋は鉄材を海外から輸入し建設された。その後、設計・製作は日本で行われるようになったが、国産の鉄が使用されたのは、10年後の1878（明治11）年の弾正橋から。

所在地	長崎県	橋長	22 m
現状	架替え－	指定	－
参考元	－		

※橋年齢は現存しない場合は、架替え時点での年齢を（　）内に示す。

●関連資料● 日本の歴史的橋梁

歴史的橋梁 ❸

日本で2番目の鉄橋・吉田橋

建設年	1869年	橋年齢	（42歳）

横浜市に架けられた日本最初の錬鉄製トラス橋。設計はイギリス人技師。外国人居留地へ渡る橋として、橋のたもとに関所があり、通行料をとられることから「カネの橋」とも言われた。「関内」という地名はこの橋（関所）から海側の埋め立て地を指す。1911年まで供用されたが、現在はコンクリート橋となっており、トラス部分は復元展示されている。

所在地	横浜市	橋長	25 m
現状	－	指定	－
参考元	横浜開港資料館資料より転載。同館HPを参照。		

日本で3番目の鉄橋・高麗橋

建設年	1870年	橋年齢	（59歳）

錬鉄製8径間の桁橋で、橋桁、橋脚、欄干まですべて錬鉄・鋳鉄でつくられていた。橋桁の外側に打たれた鋳鉄製の杭に力を伝える張出した橋脚の曲線が印象的な橋である。橋面はアスファルト舗装で、欄干の柱の頭には「ガラスの灯籠」（ガス灯）が付けられていた。
1929年RCアーチ橋に架替え。

所在地	大阪市	橋長	71 m
現状	－	指定	－
参考元	参考文献59）		

現存する最古の鉄橋・心斎橋

建設年	1873年	橋年齢	138歳

心斎橋は大阪の心斎橋に架けられた日本で5番目の鉄橋である。鉄材はドイツから輸入した錬鉄。1908年石橋に架替えられた後も、名前を変えて「境川橋」、1928年から「新千舟橋」として再利用されてきた。
1990年に鶴見緑地の「緑地西橋」にトラス部分が取り付けられ保存されている。

所在地	大阪市	橋長	37 m
現状	保存	指定	－
参考元	大阪橋ものがたりHP、橋の散歩径HPを参照。		

国産初の鉄橋・弾正橋

建設年	1878年	橋年齢	133歳

国産の鉄を用いた最初の橋。上弦のアーチ部分が鋳鉄製で、引張材は錬鉄製。工部省・赤羽製作所で製作された。それまでの鉄橋はすべて外国で作られたものを輸入して架けられていた。
1929年移設され、公園内で人道橋・「八幡橋」として利用されている。

所在地	東京都	橋長	15 m
現状	人道橋	指定	重要文化財
参考元	参考文献60）		

175

歴史的橋梁 4

米国でもっとも古い吊橋の一つ・ブルックリン橋

| 建設年 | 1883年 | 橋年齢 | 128歳 |

100年以上たった現在でも1日数万台の自動車が通行するニューヨークの大動脈。鋼鉄製のワイヤを初めて用いた建設当時世界最長の吊橋。それまで錬鉄製のワイヤが用いられていた。
2010年改修工事に着手。4年間で5億ドルをかけた大工事となる。

所在地	アメリカ	橋長	1834 m
現状	道路橋	指定	―
参考元			

日本で現存する最古の鋳鉄製の橋・御子畑鉄橋

| 建設年 | 1885年 | 橋年齢 | 126歳 |

生野鉱山の鉱石運搬道路に架けられた。世界最初の鉄橋「アイアンブリッジ」と同じく鋳鉄製アーチ橋。鋳物のもつ力強い外観が特徴。フランス人技師の指導による建設といわれる。当時の最新技術は錬鉄製であり、鋳鉄製は旧来の技術であった。
1982年解体修理。

所在地	兵庫県	橋長	16 m
現状	保存	指定	重要文化財
参考元	技術のわくわく探検記「御子畑鋳鉄橋」HPに詳しい。

鉄道橋の規範となった橋・旧揖斐川橋梁

| 建設年 | 1886年 | 橋年齢 | 125歳 |

当初鉄道橋として架設され、1913年新橋の建設に伴い、道路橋に転用される。イギリス製の錬鉄トラス橋で、以後の鉄道橋の規範となったもの。
1997年からは、老朽化に伴い人道橋として利用されている。

所在地	岐阜県	橋長	325 m
現状	人道橋	指定	重要文化財
参考元	―

最古の現役道路橋・湯野田橋

| 建設年 | 1888年 | 橋年齢 | 123歳 |

佐賀国道事務所の管理する国道34号に架かる橋で、現役の道路橋では国内最古となる。石造りのアーチ橋である。

所在地	佐賀県	橋長	15 m
現状	道路橋	指定	―
参考元	国土交通省「道の相談室」HPを参照。

●関連資料● 日本の歴史的橋梁

歴史的橋梁 5

最古の現役鉄道橋・早川橋梁			
建設年	1888年	橋年齢	123歳

箱根登山鉄道の早川に架かる鉄道橋。天竜川に架かっていた鉄道橋を1917年に移設・架設した。
錬鉄・鋼の混合橋でイギリス製。

所在地	神奈川県	橋長	61 m
現状	鉄道橋	指定	登録有形文化財
参考元	渡辺一夫「トコトコ登山電車」に詳しい。		

日本2番目の現役鉄道橋・多摩川橋梁			
建設年	1889年	橋年齢	122歳

JR中央線の多摩川に架かる錬鉄製の桁形式の鉄道橋。複線化している手前の上り線が古い橋。橋脚は大半がコンクリート製に変わっているが、一部には明治からのレンガ積みも残っている。

所在地	東京都	橋長	440 m
現状	鉄道橋	指定	―
参考元	菊地博和「東京の古い橋巡り」HPを参照。		

最古の現役鉄製道路橋・出島橋			
建設年	1890年	橋年齢	121歳

長崎市の中心部、国の史跡「出島」のすぐ近くに架かる錬鉄製トラス橋。この橋はアメリカから輸入され、最初は「新川口橋」として架設され、その後1910（明治43）年に現在地に移設された。日本最古の現役鉄製道路橋である。

所在地	長崎県	橋長	37 m
現状	道路橋	指定	土木学会選奨土木遺産
参考元	―		

完成時世界最長の鉄道橋・フォース橋			
建設年	1890年	橋年齢	121歳

スコットランドに架かる鋼製トラス橋。19世紀に入り鉄橋の風による落橋事故が多く発生したため耐風設計に基づき大量の鉄が使われた。鋼重は約5万8千トン。

所在地	イギリス	橋長	1631 m
現状	鉄道橋	指定	―
参考元	土木学会「フォース橋の100年」に詳しい。		

歴史的橋梁 6

最古の道路用鋼桁橋・明治橋

建設年	1902年	橋年齢	109歳

大分県の内陸部臼杵市に架かる橋で、1961年まで国道の橋として供用されていた。床版は鋼桁の上に波型の鋼板（トラフ）を並べ、その上にコンクリートを打設した合成構造で、日本における近代橋梁建設の黎明期としては極めて斬新な技術で建設されている。
鋼材はイギリス製、製作・架設は大阪鉄工所（現在の日立造船）。

所在地	大分県	橋長	33 m
現状	人道橋	指定	ー
参考元		参考文献61)	

最初のRC橋・日ノ岡11号橋

建設年	1903年	橋年齢	108歳

京都の琵琶湖疏水に架かる日本最初のRC橋。「本邦最初鉄筋混凝土橋」と書かれている。設計したのは、当時大学を出たばかりの土木工学者・田辺朔郎。
なお、同年に建設された神戸の若狭橋が日本最初のRC橋という説もある。

所在地	京都市	橋長	7 m
現状	人道橋	指定	国史跡
参考元		ー	

よく管理された現役鉄道橋・紀ノ川橋梁

建設年	1903年	橋年齢	108歳

南海電鉄・南海本線の現役鉄道橋。ピン結合によるプラットトラス橋で細い鉄骨がシンプルに組み合わされた構造。鋼材はアメリカから輸入。

所在地	和歌山県	橋長	366 m
現状	鉄道橋	指定	ー
参考元		ー	

最初のコンクリートアーチ橋・山ノ谷橋

建設年	1904年	橋年齢	107歳

日本最初のRC橋・日ノ岡11号橋すぐ近くに架けられた最初のRCアーチ橋。橋脚に技師「山田忠三」、請負人「大西巳之助」の文字が刻まれている。

所在地	京都市	橋長	7 m
現状	人道橋	指定	国史跡
参考元		ー	

●関連資料● 日本の歴史的橋梁

歴史的橋梁 7

本格的 RC 道路橋のさきがけ・広瀬橋

| 建設年 | 1909 年 | 橋年齢 | （50 歳） |

日本で初めて作られた RC 製道路橋。1959 年に車両の大型化に対応し架替えられ、現在は鋼橋となっている。現地には「日本最初の鉄筋コンクリート橋跡」という表示がされている。

所在地	仙台市	橋長	127 m
現状	架替え	指定	―
参考元	―

よく管理された現役の道路橋・日本橋

| 建設年 | 1911 年 | 橋年齢 | 100 歳 |

現在架かっている日本橋は 19 代目で、第十九代の石造の二連アーチ橋。2010 年に本格的な補修に入る。補修理由は橋面防水の劣化により、橋内部に浸透した雨水が、内部のコンクリートを劣化させ、陥没を生じることを防ぐためとのこと。また漏水が橋の美観を損なうのも防ぐ。
1999 年道路橋として最初の重要文化財指定を受けた。

所在地	東京都	橋長	49 m
現状	道路橋	指定	重要文化財
参考元	関東地方整備局 H 22.7 記者発表資料を参照。

よく管理された鉄道橋・餘部鉄橋

| 建設年 | 1911 年 | 橋年齢 | （99 歳） |

余部鉄橋は山陰本線に架かっていた日本一のトレッスル式鉄橋。トレッスル（鋼製橋脚）の資材は、アメリカから船で余部沖まで運び、2 年半かけて建設された。潮風によって錆びないよう 1963（昭和 38）年まで橋守（はしもり）による塗替えが実施されていた。
2010 年コンクリート橋に架替えられ、一部が保存となった。

所在地	兵庫県	橋長	310 m
現状	一部保存	指定	―
参考元	―

現存最古の吊橋・美濃橋

| 建設年 | 1916 年 | 橋年齢 | 95 歳 |

近代橋梁技術による吊橋として日本に現存する最古の橋。コンクリート製の主塔から張った鋼製ケーブルで鋼製補剛桁を吊る。当初は道路橋であったが現在は人道橋。床版は木製。

所在地	岐阜県	橋長	113 m
現状	人道橋	指定	重要文化財
参考元	―

歴史的橋梁 8

よく管理された現役の道路橋・京橋

建設年	1917 年	橋年齢	94 歳

山陽道の岡山の表玄関に位置する橋で、古代から何代にもわたって架け替えられてきたことが分かっている。現在の橋は 1900（明治 33）年の木橋に続いて架けられたわが国で最古級の 15 径間の鋼鈑桁橋。特に下部工に特徴があり、何枚もの鋼板を組合わせてリベット接合された鋼管柱 5 本を 1 脚とし 14 橋脚 70 本が並ぶ。

所在地	岡山市	橋長	131 m
現状	道路橋	指定	土木学会選奨土木遺産
参考元	小さな橋の博物館 HP に詳しい。		

よく管理された現役の道路橋・大宮橋

建設年	1922 年	橋年齢	89 歳

JR 琴平駅から金刀比羅宮へ向かう道、金倉川に架かる。1926（大正 15）年の「本邦道路橋輯覧」内務省土木試験所発行には、面坪当り工費 436 円と記載されている。これは当時の同形式の橋の中では割高であり、その理由が参道に位置するため、しゃれた擬宝珠をつけた高欄など意匠にお金をかけたためとみる。

所在地	香川県	橋長	28 m
現状	道路橋	指定	―
参考元	近代土木遺産を歩く HP を参照。		

よく管理された現役の道路橋・永代橋

建設年	1926 年	橋年齢	85 歳

東京・隅田川に架かる一連の橋梁の一つ。関東大震災で廃橋となった旧永代橋（1897 年に架設された日本初の鋼製トラス橋）の後に、震災復興事業により架設された。隅田川に架かる橋で重要文化財に指定されている橋は、ほかに清洲橋（1927 年架設）、勝鬨橋（1940 年架設）がある。

所在地	東京都	橋長	185 m
現状	道路橋	指定	重要文化財
参考元	―		

原爆に耐えた現役の道路橋・猿候橋

建設年	1926 年	橋年齢	85 歳

広島駅に近い猿候川に架かる原爆にも耐えた広島市（広島県）最古の道路橋である。旧西国街道の広島城下への玄関に位置する。現在ある親柱の石がずれているのは、原爆のためと言われている。地元有志による戦時中に供出した親柱のモニュメント（高さ 5 m あまり、頂に翼を広げた鷲の像）を復元しようとする会が結成されている。

所在地	広島市	橋長	62 m
現状	道路橋	指定	―
参考元	―		

●関連資料● 日本の歴史的橋梁

歴史的橋梁 9

よく管理された現役の道路橋・大宮橋

| 建設年 | 1927 年 | 橋年齢 | 84 歳 |

四国の霊峰・石鎚山登山口の山深い谷川に架かる西条市管理の RC アーチ橋である。細部にまで意匠が施され、優美な曲線の橋となっている。これは携わった型枠大工の技量が優れ、丁寧な打設・締め固めが行われた証拠である。アーチ側面の遊離石灰が気に掛かるが、無粋な着色による表面保護はさけていただきたい。

所在地	愛媛県	橋長	43 m
現状	道路橋	指定	土木学会選奨土木遺産
参考元	—		

よく管理された現役の道路橋・萬代橋

| 建設年 | 1929 年 | 橋年齢 | 82 歳 |

新潟市・信濃川に架かる六連のコンクリートアーチ橋。1964 年の新潟大地震にも耐え、周辺の橋が大被害を受けた中わずかな損傷で済んだ。そのため早期に交通解放され、震災復興に寄与した。

所在地	新潟県	橋長	307 m
現状	道路橋	指定	重要文化財
参考元	—		

市民に愛されるシンボル橋・松江大橋

| 建設年 | 1937 年 | 橋年齢 | 74 歳 |

宍道湖から流れ出す大橋川に架かる 2 番目の橋。松江大橋の歴史は古く、現在の橋は 17 代目という。橋の南詰には、橋がたびたび流されるために人柱となったという「源助柱」の碑が建っている。架かっている川の名前がこの橋に由来していることからも分かる通り、町のシンボルとなっている。
現在、耐震基準を満たしていないため架替えが議論されている。2010 年大規模補修。

所在地	島根県	橋長	134 m
現状	道路橋	指定	—
参考元	松江大橋を守る市民の会 HP を参照。		

日本最初の PC 橋・長生橋

| 建設年 | 1951 年 | 橋年齢 | (50 歳) |

日本最初のプレテンション方式の PC 橋。2001（平成 13）年河川改修計画のため移設保存。移設に当たって、ほぼ同時期に架設された「泰平橋」（1952 年架設）と一緒に現況調査が行われ、PC 鋼材や補強筋に腐食が見られず、健全な状態を保っていることが分かった。
なお、ポストテンション方式の最初の PC 橋は「十郷橋」（福井県、1952 年架設）。

所在地	石川県	橋長	12 m
現状	人道橋	指定	—
参考元	ピーエス三菱（株）HP を参照。		

181

用語索引

橋の構造

2柱式橋脚	58, 60
3柱式橋脚	56, 70, 74, 104
4柱式橋脚	106
PC-T桁	37
PCプレキャスト中空版橋	86
PCプレテンI桁橋	70, 121
PCプレテン床版橋	88, 96, 100, 125
PCポステンI桁橋	123
PCポステンT桁橋	84, 90, 124
PCポステン中空床版橋	80
PC鋼材	25, 26, 137
RCT桁橋	72, 76, 119, 123
RC桁橋	74, 109, 130
RCゲルバーT桁橋	78, 82, 120, 121
RC中空床版橋	86
RC張出し桁橋	110
RC床版橋	112, 113, 136
T形橋脚	24, 30, 68, 80, 96
木橋	104
逆T式橋台	56, 62, 64, 70, 76, 78, 80, 86, 90, 92, 94, 100, 102, 106
鋼3間連続I桁橋	92
鋼H桁橋	58, 60, 62, 106, 118, 119
鋼I桁橋	66, 65, 94, 111, 117, 118, 120, 122
鋼アーチ橋	64, 130
鋼桁橋	102
鋼合成I桁橋	98
鋼合成桁橋	56
鋼床版I桁橋	115
鋼床版箱桁橋	114
重力式橋台	58, 60, 66, 74, 82, 96, 98, 104, 109, 112, 113
張出し式橋脚	84, 90, 92, 94, 98
半重力式橋台	68, 72, 84
フランジ	21, 61, 65, 67, 136, 137
壁式橋脚	62, 66, 72, 76, 78, 82, 86, 100, 102
ラーメン式橋脚	24, 100
ラーメン式橋台	88
連続RC桁橋	108

部材名称

垂直補鋼材	21
水切り	59, 73
間詰めコンクリート部	37
桁端部	21, 32, 37, 59
支承	21, 24, 26, 58, 59, 62, 68, 69, 140
切欠き部	21, 28
断面急変部	21
溶接接合部	21
溶接部	21, 28
伸縮装置	26, 32, 35, 37, 48, 59, 62, 69, 70, 73, 140
かぶり	29, 131, 134
ウェブ	60, 61, 67, 136, 137
支承ソールプレート	136, 137
排水管	61, 73
ドレーンパイプ	140, 141

損傷状況

PC定着部の異常	25, 37, 44
アルカリ骨材反応（ASR）	16, 30, 31, 33, 34, 46, 47, 50, 55, 65, 71, 138, 139, 141
ボルトの脱落	22, 37, 39, 44
マクロセル腐食	139
塩害	16, 29, 32, 33, 48, 59, 76, 137, 138
下部工の変状	27, 37, 44
角落ち	43
亀裂	21, 22, 26, 28
錆汁	21, 22, 24, 37, 43, 132, 133
支承の機能障害	26, 37, 44
床版ひび割れ	25, 37, 43
水素脆化	22
洗掘	27, 132
層状剥離	42
滞砂	37
滞水	37
遅れ破壊	22, 143
沈下・移動・傾斜	26, 27, 37
鉄筋腐食	22, 24, 29, 43, 47, 70, 76, 130, 137
鉄筋露出	25, 37, 44, 73, 74, 75, 76, 137
塗膜割れ	21
土砂詰まり	26
破断	8, 22, 26, 28, 37, 44, 139

剥離	25, 28, 115
抜落ち	25, 37, 44, 59, 139, 141
板厚減少	42, 132
疲労亀裂	28, 136
腐食	21, 22, 24, 25, 26, 27, 28, 29, 32, 33, 34, 35, 39, 44, 51, 56, 57, 58, 59, 60, 61, 66, 67, 69, 71, 132, 133, 138
遊間の異常	26, 37, 55
遊離石灰	22, 24, 37, 43, 44, 57, 59, 69, 71, 73, 81, 133, 138, 140, 141
路面の凹凸	26, 37, 44
漏水	22, 23, 32, 37, 43, 44, 45, 59, 63, 70, 71, 73, 81, 132, 138, 140, 141
うき	59, 66, 67, 74, 133, 134
ポットホール	139
ひび割れ	22, 23, 24, 25, 26, 30, 31, 37, 43, 44, 50, 61, 64, 65, 66, 67, 69, 71, 73, 74, 75, 132, 138, 141
ボルト交換	57
断面修復	48, 49
電気防食	48, 49, 76
脱塩工法	48

対策

あて板補強	51
板厚測定	48
亀裂調査	48
連続繊維シート接着	49, 50
異常時点検	35, 36
遠望目視	35
外観観察	47, 48
緊急対応	44
近接目視	35
経過観察	34, 44, 45
ストップホール	51
促進膨張試験	47
打音検査	35
非破壊調査	46
部分塗装	21
偏光顕微鏡観察	34, 47
中間点検	35, 36
詳細調査	35, 36, 44, 45
追跡調査	35, 36
通常点検	35
定期点検	35
鉄筋探査	46
塗替え	21, 27, 69
特定点検	35, 36
表面被覆	49, 50

著者略歴

[監修]
嘉門　雅史（かもん　まさし）
香川高等専門学校　校長
京都大学名誉教授、日本学術会議会員

1945（昭和20）年愛知県生まれ、1968（昭和43）年京都大学工学部卒業、1979（昭和54）年京都大学工学博士、1991（平成3）年京都大学防災研究所教授、2005（平成17）年京都大学大学院地球環境学堂長、2008（平成20）年高松工業高等専門学校長、2009（平成21）年香川高等専門学校長、現在に至る。
日本材料学会論文賞受賞、地盤工学会研究業績賞受賞、文部科学大臣表彰など受賞。

[編著]
太田　貞次（おおた　ていじ）
香川高等専門学校　建設環境工学科　教授

1950（昭和25）年静岡県生まれ、1976（昭和51）年山梨大学大学院修士課程土木工学専攻修了、同年山梨大学工学部土木工学科文部教官助手、1980（昭和55）年株式会社宮地鐵工所入社設計部配属、1989（平成元）年技術開発部、1995（平成7）年技術開発課長、2002（平成14）年高松工業高等専門学校建設環境工学科教授、2009（平成21）年より校名変更、現在に至る。
実践的橋梁維持管理講座活動により第12回橋梁新聞賞を受賞（平成22年5月）。
国交省四国地方整備局、香川県、高松市ほか香川県内8市町の橋梁長寿命化修繕計画の意見聴取者、土木学会構造工学委員会委員。
博士（工学）、技術士（建設部門：鋼構造及びコンクリート）、コンクリート主任技士

[編著]
鈴木　智郎（すずき　ともお）
復建調査設計株式会社　保全防災部　技師長

1950（昭和25）年東京都生まれ、1975（昭和50）年京都大学大学院土木工学科修了、同年日本鋼管株式会社入社、第2重工設計部土木設計室配属、1992（平成4）年基盤技術研究所無機建材研究室室長、1995（平成7）年橋梁港湾建設部土木港湾計画室室長を経て、2001（平成13）年より復建調査設計株式会社、現在に至る。
技術士（総合監理部門：港湾及び空港、建設部門：鋼構造及びコンクリート）、コンクリート診断士、土木鋼構造診断士。

[編著]
三浦　正純（みうら　まさずみ）
株式会社四電技術コンサルタント
土木技術部　設備マネジメントグループリーダー

1955（昭和30）年愛媛県生まれ、1980（昭和55）年北海道大学大学院工学研究科合成化学工学専攻修士課程修了、同年四電エンジニアリング㈱入社環境調査室配属、1982（昭和57）年分社により㈱四電技術コンサルタント転籍、環境部、技術企画部に所属、2006（平成18）年より土木技術部、現在に至る。
博士（工学）、環境計量士。

道路管理者のための
実践的橋梁維持管理講座

2011年7月31日　第1版第1刷発行

監　修	嘉門　雅史
編　著	太田　貞次
	鈴木　智郎
	三浦　正純
発行者	松林　久行
発行所	㈱大成出版社

東京都世田谷区羽根木1-7-11
〒156-0042　電話03(3321)4131
http://www.taisei-shuppan.co.jp/

印　刷　信教印刷

©2011　太田貞次・鈴木智郎・三浦正純　　　　　　ISBN978-4-8028-2969-4
落丁・乱丁はおとりかえいたします